山梨ワイン

Wines from Yamanashi

新田正明

芸術新聞社

目次

はじめに 4
山梨のワインの歴史 6
世界も注目!? 山梨ワインの魅力 10
山梨の太陽と土とぶどうのはなし 12

甲州・勝沼地区

あさや葡萄酒／麻屋葡萄酒株式会社 16
イケダワイナリー／イケダワイナリー株式会社 18
岩崎醸造／岩崎醸造株式会社 20
MGVs（マグヴィス）ワイナリー／株式会社塩山製作所 22
勝沼醸造／勝沼醸造株式会社 26
錦城葡萄酒／錦城葡萄酒株式会社 30
くらむぼんワイン／株式会社くらむぼんワイン 32
グランポレール勝沼ワイナリー／サッポロビール株式会社 36
シャトー勝沼／株式会社シャトー勝沼 40
シャトージュン／シャトージュン株式会社 42
シャトレーゼベルフォーレワイナリー勝沼ワイナリー／株式会社シャトレーゼベルフォーレワイナリー 44
白百合醸造／白百合醸造株式会社 48
蒼龍葡萄酒／蒼龍葡萄酒株式会社 52
ダイヤモンド酒造／ダイヤモンド酒造株式会社 54
大和葡萄酒／大和葡萄酒株式会社 58
中央葡萄酒／中央葡萄酒株式会社 60
原茂ワイン／原茂ワイン株式会社 64
菱山中央醸造／菱山中央醸造有限会社 68
フジッコワイナリー／フジッコワイナリー株式会社 70
中原ワイナリー ドメーヌ・オヤマダ／ペイザナ農事組合法人 72
中原ワイナリー ドメーヌ・ポンコツ／ペイザナ農事組合法人 74
まるき葡萄酒／まるき葡萄酒株式会社 76
マルサン葡萄酒／有限会社マルサン葡萄酒 80
丸藤葡萄酒／丸藤葡萄酒工業株式会社 84
マンズワイン／マンズワイン株式会社 88
シャトー・メルシャン／メルシャン株式会社 92

甲州・塩山地区

塩山洋酒醸造／塩山洋酒醸造株式会社 96
奥野田葡萄酒醸造／奥野田葡萄酒醸造株式会社 98
甲斐ワイナリー／甲斐ワイナリー株式会社 100
機山洋酒工業／機山洋酒工業株式会社 102
Kisvin Vineyard & Winery／株式会社 Kisvin 106
98WINEs／98WINEs 合同会社 110
駒園ヴィンヤード／駒園ヴィンヤード株式会社 114

山梨地区

Cantina Hiro／株式会社 Cantina Hiro 116
三養醸造／三養醸造株式会社 118
旭洋酒／旭洋酒有限会社 120
金井醸造場／金井醸造場 124

笛吹地区

新巻葡萄酒／新巻葡萄酒株式会社 128
アルプスワイン／アルプスワイン株式会社 130
北野呂醸造／北野呂醸造有限会社 132
ルミエールワイナリー／株式会社ルミエール 134

甲府・甲斐地区

シャトー酒折ワイナリー／シャトー酒折ワイナリー株式会社 138
サントリー登美の丘ワイナリー／サントリーワインインターナショナル株式会社 142
敷島醸造／敷島醸造株式会社 146

韮崎地区

ドメーヌ茅ヶ岳 148
マルス山梨穂坂ワイナリー／本坊酒造株式会社 150

北杜地区

ドメーヌ・デ・テンゲイジ／農業生産法人株式会社 CouCou-Lapin Domaine des Tengeijis 152
江井ヶ嶋酒造山梨ワイナリー／江井ヶ嶋酒造株式会社 154

南アルプス地区

ドメーヌヒデ／株式会社ショーブル 156

新規ワイナリーの可能性
～山梨でワインを起ち上げる意味とは～

新規ワイナリーの可能性～山梨でワインを起ち上げる意味とは～ 161
室伏ワイナリー／合同会社共栄堂 162
seven ceders winery／株式会社大判リゾートセブンシダーズワイナリー 164
カーヴ・アン／株式会社 Cave an 166

あとがき 168
ワイナリーリスト 172

はじめに

家業の酒屋を継いだ一九九四（平成六）年当時、農家の方々のつくるぶどうが地域や地区ごとにそれぞれ個性があることを知り、何とかその個性をワインに反映できないかと感じていました。もしそれができるなら、農家はモチベーションが上がるでしょうし、さらに欧米ではあたりまえになっている〝テロワール〟（生産地の土壌や地理、地勢、気候などによる特徴を表す言葉）を山梨でも発信できるのではないか？　と感じていました。

そして今はまさに、山梨のワインの存在が大きく変わろうとしている変遷期で、ワイン造りに携わる様々なスペシャリストが幾重にも重なり、時代を動かそうとしています。本書では、山梨のワイン産業を牽引し、さらに今でも進化し続けているワイナリーやワインをご紹介します。

いつも私は、時代を創ったりムーブメントを起こすのは、歴史的に有名な出来事の周辺にある、無名な人物の起こした行動の積み重ねだと思っています。ワイン造りのムーブメントも同じで、世間一般には知られていない人たちの行動が、ある日一つに繋がった時、大きなムーブメントとなるのです。

山梨は長い年月の中で、栽培家と醸造家が共存共栄してきました。時には大きな問題を抱え、幾度の危機を迎えたこともあります。それでも、この土地に住む人たちの叡智と努力で乗り越え、現在に至っています。

山梨ワインにとって、二〇〇〇年からの二〇年は激動の時代でした。元メルシャンワイナリー勝沼工場長で、日本のワイン醸造の第一人者であった浅井昭吾氏、そして彼を師と仰ぎ新しいムーブメントを引き起こしたミレニアム世代のヴィニュロンたち。今や彼ら彼女らも中堅となり、すでに次のステージへと舞台を変え、山梨ワインの新しい可能性の追求に邁進しています。世界的なコンクールで賞を取ることが目的だった時代は終わり、今は山梨でワインを造ることの意味を追求し、実践して、結果を出し始めています。

本書は、二〇〇〇年以降ブレのない栽培や醸造に取り組み続けているワイナリーを厳選し、また、次の一〇年後に向けてどのように進化していくのか、本書を手に取った皆さまと共に見守り続けていきたいワイナリーを紹介していきます。

もちろん今回取り上げたワイナリー以外にも、生産者との絆を大切にしながら、長きにわたって愛され続けているワイナリーが山梨にはまだまだたくさんあります。この本がきっかけとなり、山梨に足を運んで、皆さまが各々、一〇年後も飲み続けていたいワインやこだわりのワイナリーを探すことも楽しいかもしれません。それこそが熟成したワイン産地であり、成熟した日本のワインファンだと思います。良いワインの産地や良いワインは、見守り続けていただく皆さまによって育てられるものだと思います。

さあ、一〇年後に向かって大きく羽ばたく山梨のワインとワイナリーを御覧ください。

山梨ワインの歴史

ここで私が取り上げる事象は、一般的な視点では、すべてが歴史に刻まれる出来事ではないかもしれません。山梨ワインの歴史の中で、今日に名を成す醸造家や栽培家の何気ない行動や言動が、いかに日本のワイン産業に影響を与えてきたか。ここでは、山梨の動きを中心に、この地で今までどのような出来事が起きていたのか、またそれがどのように日本のワイン産業全体に影響を与えてきたのかを、時系列で解説していきます。

山梨ワインの近代史

山梨のぶどう栽培は、奈良時代がその起源といわれています。平安時代には自生する甲州ぶどうが発見された言い伝えが残されていますが、勝沼町の大善寺を中心に、甲州種ぶどうの発祥の地としての位置づけは、日本のワイン産業史に君臨しています。

時は流れて明治時代、日本で初めて葡萄酒が醸造されました。ぶどうの発祥地は勝沼であることは知られていますが、日本初の醸造が甲府市だったことは、あまり知られていません。そして一八七七年（明治一〇年）に山梨の豪農、豪商といわれた旧家・名家・地元の有志が集まり、民間会社「大日本山梨葡萄酒会社」が設立されました。同年に同社の高野正誠と土屋龍憲がぶどう栽培とワイン醸造のためにフランスに派遣された記録が残っており、これは甲州市市民の誇りとして、今でも語り継がれています。

明治二〇年代は今の山梨ワインに大きな影響を与えている会社が数々設立されました。一八八八（明治二一）年、土屋龍憲と宮崎光太郎によって日本橋にて甲斐産商店（現メルシャン発祥となる会社）が、一八九〇（明治二三）年には大村次作によって丸藤葡萄酒、そして一八九一（明治二四）年にはまるき葡萄酒が立ち上がりました。

一九〇二（明治三六）年、中央本線が甲府駅まで開通することで、山梨ワインに転機が訪れます。これにより山梨のぶどう、ワイン産業にパラダイムシフトが起き、ワイン醸造場やぶどう栽培地の拡充が加速していきます。明治の末期一九〇九（明治四二）年には現在のサドヤ醸造場の前身であり、山梨ワイン産業に大きな影響を与えるサドヤ洋酒店が設立されます。

大正〜昭和期は、山梨ワインの醸造場が急増する時代でした。一〇〇〇を超える醸造場が設立され、ワイン醸造の一大生産地としての存在を確立していきます。その中で鉄道参技官の小山新助が登美農園を開園し、一九一二（大正元）年にドイツから醸造技師ハインリッヒ・ハムを招聘し、近代的ワイン造りの先駆け

年代	山梨における歴史上のできごと
718 奈良時代	僧行基が甲斐国（現 山梨県）の東部でぶどう栽培を奨励（伝説）
1186 平安時代	甲斐の国祝村（現 甲州市勝沼町）の雨宮勘解由が道端に自生する甲州ぶどうを発見（伝説）
1870 明治3年	甲府広庭町の山田宥教（ひろのり）は、八日町の宅間憲久（のりひさ）と共同で、日本で初めてぶどう酒、ブランデーの醸造される
1877 明治10年	[8月] 民間会社「大日本山梨葡萄酒会社（通称祝村葡萄酒会社）」設立 [10月] 大日本山梨葡萄酒会社の高野正誠と土屋龍憲がぶどう栽培とワイン醸造の勉学のためフランスに派遣
1886 明治19年	大日本山梨葡萄酒会社解散 土屋龍憲　宮崎光太郎継承
1888 明治21年	土屋龍憲、宮崎光太郎　日本橋にて甲斐産商店設立
1890 明治23年	丸藤葡萄酒工業の前身を設立
1891 明治24年	まるき葡萄酒　設立
1902 明治36年	中央本線、甲府駅まで開通
1909 明治42年	サドヤ洋酒店　設立

となりました。この農園が一九三六（昭和一一）年にサントリーの創業者である鳥井信治郎によって買われ、寿屋山梨農場が開設されます。

一九三九（昭和一四）年には、山梨県のワイン醸造場数が三、六九四場となり史上最高数に達します。そして政府は酒税の確保とその効率化のために「葡萄酒醸造組合」の設立を推進、一九四〇（昭和一五）年までに山梨県の組合は一四七組合なり、これが今のブロックワインといわれる組合の醸造場の発祥となりました。

テクノロジーの分野でも進化がありました。一九四七（昭和二二）年、戦後まもなくして、山梨工専（現在の山梨大学）で醗酵化学の講座が始まります。この学校は現在の日本ワインの中心地である山梨大学生命環境学部の前身です。

一九六四（昭和三九）年、東京オリンピックや新幹線開通などで日本は高度経済成長期のピークを迎える中、大手資本グループや日本酒（江井ヶ嶋酒造）、焼酎業界（本坊酒造）が山梨でワイン造りを始めます。この時代は今までのブロックワイナリーの法人設立など、山梨のワイン産業が一大発展へと動き始めた時代で、これが一九七二（昭和四七）年の第一次ワインブームへと繋がります。

そして再び、一九七〇年代後半に第二次ワインブームが起き、山梨でのぶどう狩りや観光業がピークを迎え、人々のライフスタイルの変化によるワインへの興味と観光客による山梨ワインの消費が拡大していきました。

また一九八〇年代には第三次ワインブームが到来し、ライフスタイルの多様化により、1・8リットルワインの需要が好調となり、消費がさらに拡大しました。一九八八（昭和六三）年にはワインのイベントや山梨ワインの売り込みを官民一体となって発信、東京の日比谷公園で第一回〝山梨新酒祭り〟が開催されました。

一九九〇年代に入ると、再びワインブームが再来します（第四次ワインブーム）。山梨ぶどうの生産量および醸造量も過去最高を迎え、バブル経済も後押しして観光業も盛り上がり、空前の好景気となりました。

山梨ワインの現代史

一九九四（平成六）年は、日本ワインおよび山梨ワインが大きく舵を切った年といっても過言ではありません。日本を飛び出し、世界のワイン造りを目の当たりにした若きヴィニュロンたちがポツリポツリと帰国し、山梨に新しい風が吹き始めます。また、日本ワイン造りに多大なる影響を与えた醸造家・麻井宇介氏を師と仰いでいた学生ら（岡本英史・城戸亜紀人・曽我彰彦・安蔵正子他）、通称「ウスケボーイズ」（二〇一八年、映画化）といわれる学生たちが「ワイン友の会」を結成しました。

一九九八（平成一〇）年には第五次ワインブームが到来、ポリフェノールが体に良いといわれて、再びワインが脚光を浴びます。そして本物志向への転換が加速

1912 大正元年	小山新助、ハインリッヒ・ハム「登美農園」設立
1936 昭和11年	サントリー創業者・鳥井信治郎「登美農園」を購入し「寿屋山梨農場」開設
1939 昭和14年	山梨県のワイン醸造場数は3、694場となり史上最高に達する
1947 昭和22年	山梨工専（現 山梨大学）で醗酵化学の講座が始まる
1962 昭和37年	三楽酒造㈱と日清醸造㈱が合併 大黒葡萄酒（甲斐産商店）はオーシャン株式会社に社名変更 三楽オーシャン㈱メルシャン勝沼ワイナリーが発足
1963 昭和38年	㈱寿屋がサントリーと改称
1964 昭和39年	マンズワイン㈱勝沼工場オープン
1972 昭和47年	第一次ワインブーム到来
1970年代	第二次ワインブーム
1980年代	第三次ワインブーム
1988 昭和63年	山梨県果実酒造組合は東京・日比谷公園にて「第1回山梨新酒祭り」
1990年代	第四次ワインブーム

し、「日本でワインを造る意義」が論じられ始めました。

二〇〇〇（平成一二）年に入ると、海外からの輸入ワインやヌーボーワインのブームが起き、ワインの消費量は増えますが、バブル崩壊により、国産ワインの消費は伸び悩み、トレーサビリティーや表示問題により、ますます陰りがみえはじめ、国産ワイン業界は方向転換を余儀なくせざるを得なくなりました。

そうした中で、土着の品種である甲州種を世界へ発信するための活動がスタートします。中でも長野県に小布施ワイナリーを起ち上げた「ウスケボーイズ」の一人である曽我彰彦は、今では当たり前の取り組みとなっている有機栽培やナチュールワインをいち早く取り入れ、無濾過・無清澄・亜硫酸を最小限にとどめるワイン造りを始めるなど、業界に大きな影響を与えました。そして二〇〇一（平成一三）年、勝沼醸造が伊勢原シングルヴィンヤード単独醸造をおこない、これが日本ワインのテロワールへの希望を見出す、大きな出来事となりました。そして同年、甲州種のDNA鑑定がおこなわれ、甲州ぶどうの原点はコーカサス地方が発祥で、酒類総合研究所によるDNA鑑定の結果、ヨーロッパぶどうと中国の野生ぶどうが交雑した品種である可能性が高いと発表され、甲州種がワイン造りに適した品種であることが判明しました。

二〇〇二（平成一四）年、山梨のテロワールの考察と栽培者の減少を鑑み、栽培者のモチベーションを考慮、ボトルに栽培地と生産者の名前を記したワインの企画販売が開始されました。この頃より各ワイナリーが単一畑や圃場によるぶどうの違いをワインへ反映させる取り組みを充実させ、続々と畑名や栽培者を明記するワインをリリースし始めました。

二〇〇三（平成一五）年、小泉内閣が酒類小売業の規制緩和をおこない、一般酒小売販売が減少し、スーパー、コンビニ、ディスカウント酒屋へと販売先が代わりました。そして小規模ワイナリーや日本酒、焼酎の蔵元が販売先を厳選していくようになり、このあたりから小規模ワイナリーが世間の注目を集め始めました。

またこの年、ダイヤモンド酒造がマスカット・ベーリーA種を使った赤ワインで業界を驚かせ、現在の日本ワインコンクールの母体となると「国産ワインコンクール」の第一回目が開催されました。また、現在、国が始めているGI山梨の原型である「原産地呼称制度」がスタートし、中央葡萄酒の「キュヴェ・ドゥニ・デュブルデュー」がアジアの土着品種のワインで初のパーカーポイントを取得、山梨ワインが世界に認められました。

二〇〇四（平成一五）年、山梨ワインはさらに飛躍します。ボルドー第二大学醸造学部で日本人として初めて博士号を取得した富永敬俊がシャート・メルシャンと共同開発した「シャトー・メルシャン甲州きいろ香２００３」がリリースされ、甲州種の可能性がさらに広がりました。またこの時期、世界の名だたる栽培醸造家が山梨に目を向け始め、若き山梨の作り手に多大な影響を与えました。また旭洋酒の「クサカベンヌ」がイギリスの〝ワインレポート〟に取り上げられたことは、山梨の醸造家や品種が次のステージへと向かっ

年代	山梨における歴史上のできごと
1994 平成6年	時代の変換期へのプロローグ 新田正明家業を継ぐ 将来ウスケボーイズといわれる学生が「ワイン友の会」結成
1998 平成10年	第五次ワインブーム
2000 平成12年	ジャンシス・ロビンソン女史 フィナンシャルタイムズで「グレイス甲州」（中央葡萄酒）を取り上げる
2001 平成13年	日本の経済・金融・流通に至るまで規制緩和へ突入 勝沼醸造　伊勢原シングルヴィンヤード単独醸造 甲州種のDNA鑑定
2002 平成14年	栽培者、内田秀俊と販売者、新田正明の同級生コンビが、「勝沼人の大地」ワインの企画スタート。 中央葡萄酒　明野農場植樹 麻井宇介（昭吾）氏、ウスケボーイズに最後の講義
2003 平成15年	小泉構造内閣　酒類小売業規制緩和 第1回国産ワインコンクール（現：日本ワインコンクール） 旧勝沼町時代原産地呼称制度模索 ラインガウ地方の醸造家フランク・ショーンレーバー甲州種栽培開始 アジアの土着品種のワインで初めてパーカポイント取得 勝沼朝市始動

ていることを印象づけました。

二〇〇八（平成二〇）年に開催された洞爺湖サミット晩餐会において、小さなワイナリーが造る土着品種の単一畑の甲州種で造られた「ソレイユ千野甲州」（旭洋酒）が選ばれました。そしてこの頃から、産地を巡り、地域を楽しむイベント、ワインツーリズムが開催され、ワインは一部の愛好家や作り手から、一般へと広まり、地元で生活する様々な業種業界へ大きな影響力を持ち、山梨ワインが全国区、世界に広まり始めていきました。

二〇一〇（平成二二）年、「甲州市原産地呼称制度」が発足され、甲州種がＯＩＶ（国際ぶどう・ワイン機構）に品種登録され、二〇一三（平成二四）年にはマスカット・ベーリーA種も登録されました。日本の個性的な歴史ある品種が世界に認められた瞬間でした。そして同年、ぶどう酒（ワイン）における地理的表示「山梨」が国税庁告示により指定を受け、日本初のワインの地理的表示「GI Yamanashi」となりました。これは、国が「ワインは日本を代表するアルコール飲料」であることを認めたものであり、二〇〇〇年以降に山梨の地域や地区の名前を使ったワイン造りが加速していった結果です。

その後、二〇一八（平成二九）年にはワイナリーの取り組みを第三者が評価する「日本ワイナリーアワード審議会」が発足され、山梨のぶどうが「盆地に適応した山梨の複合的果樹システム」として日本農業遺産に認定されました。そして翌年には甲州市・山梨市・笛吹市のぶどう畑が、「生活に密着し、郷土の風景のみならず、先代から引き継がれた生活の糧になる風景」と評され、文化庁日本遺産「葡萄畑が織りなす風景　山梨県峡東地域」の認定を受けました。

山梨ワインの歴史を作り上げるもの

山梨ワインは、一九九〇年代後半からの日本の歴史や経済の流れを受け、その時代を感じて生きた様々な栽培家、醸造家、そしてワイン普及に尽力した方々の力によって、次の時代を切り開いてきました。

ワイナリーを担う栽培家・醸造家たちが、日本でワイン造りをおこなうことの意義をしっかりと明確にし、土地やそこに住む人たちの意識の改革や変革を手助けしていきました。そしてワインツーリズムや朝市などで地域を目覚めさせ、日本のワイン市場が成熟し、酔うための飲料から、ワインを飲むことに意味を求めて楽しむようになりました。

山梨ワインは、これらの事象が折り混ざり、幾つもの偶然と必然が重なって今に繋がっていきます。そこには歴史の教科書には載らないが、歴史の一ページを切り開いた人たちがいます。何世代にもわたり家業のワイナリーや畑を守り、そこにある風景や生活の循環を守り続けてきた人たち。そんな人たちが時代を動かし、山梨ワインの歴史の主役であり、その人たちが時代を動かし、国を動かし、世界で一つしかない地域「山梨」をこれからもつくり続けていくのです。

2004 平成16年	シャトー・メルシャン「甲州きいろ香2003」年リリース 旭洋酒の「クサカベンヌ」がイギリスの〝ワインレポート〟に取り上げられる
2008 平成20年	洞爺湖サミットに於いて「千野甲州」（旭洋酒）が抜擢 ワインツーリズム開始
2010 平成22年	甲州市原産地呼称制度発足 甲州種　ＯＩＶ（国際ぶどう・ワイン機構）品種登録
2013 平成25年	マスカット・ベーリーA種　ＯＩＶ品種登録 ぶどう酒（ワイン）における地理的表示「山梨」が国税庁告示により指定GI Yamanashi
2018 平成30年	日本ワイナリーアワード審議会発足 農林水産省　日本農業遺産認定
2019 令和元年	文化庁日本遺産「葡萄畑が織りなす風景山梨県峡東地域」認定

【参考文献】
「ワインの国　山梨」
（山梨県ワイン酒造組合）

世界も注目!? 山梨ワインの魅力

山梨ワインの魅力は、大きく三つあると思っています。

まず、一つ目は地域にぶどう栽培とワイン造りが長きにわたり根づいていることです。いわゆる「ワイン文化」が存在しているのです。農家や栽培家が多く、様々な地区にぶどう畑が広がる山梨のぶどう農家は、自分たちが作ったぶどうがどのようにワインになったのかを毎年確認し、山梨で有名な「無尽の会」でぶどう栽培のことやワイン造りのことについて談義を交わします。情報交換をしながら食する料理は、甲州種の白ワインと相性の良い地元の野菜や川魚、鹿に猪、馬肉などに代表される地元ならではの料理です。まさにこれこそが山梨のワイン文化の魅力なのです。

二つ目は、栽培者や醸造家、ワイン研究機関が充実している地域であることです。ぶどうを栽培する土地の購入が難しい反面、自治体や県、ワイナリーや農家などの分厚いバックアップ体制が整っています。資金がなくても畑や道具の借り入れや、経験のある栽培家や醸造家たちによる技術指導など、気に入った土地の購入ができないことのデメリットよりも、大きな財産を手に入れることができます。つまり、今後、若い担い手が山梨でワイン造りに携わったとしても、安心してその仕事に従事することができる場所なのです。また、あらゆる栽培・醸造方法のお手本が目の前に広がっており、様々な方法を試すことができる地域です。

そして、三つ目はワイン産業が他の産業密接につながっている点です。ぶどう栽培とワイン造りが産業として成立している山梨は、他の産業に大きな影響力を持ち、農業、流通業、小売業、観光業、飲食業、製造業、マスコミ、金融など各産業に大きな影響力があり、裾野が広い産業になりつつあります。そのことはつまり、各産業に従事している人たちからいつも注目されることを意味します。そこにはある種の緊張感が生まれ、お互いが責任と誇りを持ち山梨を支えています。ワインの質やスキルアップの面では厳しい地元の目が光っているその反面で、山梨でワイン造りをすることの意味を深く考えさせ、世界へ向けて日本のワインを発信することの意味を追求できます。

全国に波及するぶどう栽培やワイナリーを立ち上げるヴィニュロンは、二〇一九（平成三一）年には三三一場でしたが、二〇二一（令和三）年現在四〇〇場を超える勢いです。国や全国の自治体もぶどう栽培からワイン造りまでの可能性を見出し、ワイン特区や原産地呼称制度の整備、明治期から続くワインに関する遺産の整備や復興、ワイナリー起ち上げ時の補助金制度などを設け、一大ムーブメントの一助となっています。

北海道では、ぶどう栽培に適した地域や地

区に広い畑を開墾し、新しいワイナリーが次々と起ち立ち上がり、若い才能を持つヴィニュロンたちが表舞台に登場し始めています。

一方、山梨は明治期からワイン造りをおこなっている伝統産地ですが、北海道と比較すると広い畑や土地が手に入らず、栽培や生活に関わる生食用のぶどう栽培とのバランスが難しく、なかなか新規就農や新興ワイナリーの登場が難しい場所ではあります。しかし、一部の自治体ではワイン特区によりワイナリーの起ち上げが進んでおり、これから期待が持てるのではないでしょうか。山梨でのぶどう栽培やワイン造りはとてもハードルが高い反面、長い歴史と伝統と技術の継承や研究機関の充実により、実はとても短い期間で結果を出すことができる日本で唯一の場所です。また日本でワインを造る意味合いを日々感じることができ、山梨ワインが目指しているフィロソフィーを肌で感じることができます。それは地元の農家やワイナリーの先輩、大学や各研究所の方々との交流などを通じて、日々、自分の経験値の上書きができるからです。情報通信では感じられない言葉や空気感は、生み出すワインに反映されます。人柄や個性の厚み、暖かさが表現されるのです。

一つの栽培家や醸造家に従事することも大切ですが、地域を背負ってその土地に生きること。多岐にわたる他産業の方々の意見を聞き、また色々な考えを持つ先輩栽培家や醸造家の豊富な経験と情報を取り入れ、自分なりに考えながら、多角的にぶどう作り、ワイン造りに向き合うこと、それこそが真のヴィニュロンといえるのではないでしょうか。まさに人が創るワイン造り……、これができるのが山梨という土地なのです。

私は年に二回ほど、地元の高校で地場産業に関する講演をおこなっています。これは私のライフワークにもなっており、有名な学者や先生ではない私のような立場の人間が生の声を届けることで、次世代を創る人材が輩出されるのではないかと思い、継続させて頂いております。とても光栄なことです。もしかしたら、通りすがりの畑で働いている農家の人や、私のような個人経営の店のおじさんやおばさんこそが山梨の魅力でもあり、産業を支える力となっているのではないでしょうか。

山梨の太陽と土とぶどうのはなし

山梨県は、甲府を中心に「山の都」といわれ、
四方を三〇〇〇メートル級の山々に囲まれ、降水量が少なく日照時間の長い地域です。
ぶどうの栽培地域は、盆地のすり鉢の底から放射状に広がり、東西南北の斜面の方向や形状、
河川流域の土壌や風の向きの力強さ等、様々な気候と風土条件の様子を成しています。
さらに周囲の山々から流れ出る無数の支流が、大きな河川へと向かうまでに、
小さな渓谷や台地を作りミクロクリマ（局所気候）を形成しています。
色とりどりの気象条件の中、その土地の個性を表したぶどうの栽培がおこなわれ、
しかも小仕込みにより、土地の個性を発揮するワインが登場しています。
ここでは、そんな山梨という土地の中でも特に個性のある十二地域に絞ってお話をします。

甲州種

甲州種

原産地はコーカサス地方（現在のジョージア国）とされ、日本で発見されたのは八〇〇年前とも一二〇〇年前ともいわれている。明治期以降、山梨県を中心に全国で栽培され、生食用、または醸造用として、現在では日本のみならず、アジアを代表するぶどう品種として世界中から注目されている。

【ステンレスタンク発酵】の特徴
レモンの皮やグレープフルーツの香り、爽やかな酸味、鉱物的なミネラルと塩味。

【シュール・リー製法】の特徴
洋ナシや酵母由来のパンの香り、ふくよかな酸味、柔らかいミネラル。

【樽発酵・熟成】の特徴
洋ナシや白桃、柔らかいバニラの香り、ふくよかな旨味の中にフルーツの熟成感。

【醸し発酵】の特徴
洋ナシや果梨の香り、ふくよかな酸味と苦み、熟成したフルーツや種のスパイシーさ。

【地域別】甲州種の違い

▼甲州市菱山地区・千野地区・牧丘地区・明野地区（標高の高い地域）
ぶどうの果皮が薄く、酸味が特徴的。ワインにすると鉱物的なニュアンスと塩味。

▼甲府地区・南アルプス地区の一部（標高の低い地域）
果皮が厚く柔らかい酸味と旨味。ワインにすると樽発酵や樽熟成に向く、ふくよかなワインに使われる。

◉マリアージュ（相性の良い料理）
香辛料や調味料により、甲州種との相性がとても良い。ショウガ、カボス、スダチ、ゆず、甘酢、梅肉、岩塩などとの相性により、甲州種の酸味と旨味が相乗効果で食材を生かす。生牡蛎、ちらし寿司（江戸前）、寿司（白身魚、貝）、貝類、イカ、タコ（生、レモン醤油）、海の幸マリネ、焼魚（白身）、発酵食品（高菜・野沢菜・ぬかみそ漬け）。

MBA（マスカット・ベーリーA種）

新潟出身の川上善兵衛によって、一九二七（昭和二）年にアメリカ系ぶどう品種のベーリー種とヨーロッパ系ぶどう品種のマスカットハンブルグ種が交配された品種。日本固有の黒ぶどう品種の代表として、山梨県と新潟県を中心に全国で栽培されている。

マスカット・ベーリーA種

【ステンレスタンク発酵】の特徴
いちごやラズベリーの香り、タンニンや酸味が柔らかくジューシーでフルーティー。

【樽熟成】の特徴
カシス、プラムの香り、タンニンとスパイシーさを感じ、煮詰めた果物や、カカオのような香り。

【地域別】MBA種の違い

▼勝沼地区・山梨市地区、甲府地区
果皮が柔らかく、果肉が大きく、瑞々しくフレッシュな印象。ワインにすると柔らかいタンニンとスパイシーさを感じ、エレガントなスタイル。

▼穂坂地区・韮崎地区・北杜地区
果皮が厚く、小房。種が大きく、凝縮感を感じる。ワインにすると、干しプラムのような凝縮感とタンニン、スパイシーさを放つスタイルに変貌。

◉マリアージュ（相性の良い料理）
和食に使う香辛料や調味料の中でも特に醤油、味噌、にんにく、わさび、胡椒、唐辛子、山椒、ごま油を使用した料理との相性が良い。ウナギの蒲焼、豚肉・鶏肉の黒胡椒や唐辛子炒め、照り焼き、焼き鳥のたれに七味、サバの味噌煮、牛すき焼き。

メルロー種

カシス、ブルーベリーの香り。きめ細かいタンニンとなめらかな酸味。樽からくるコーヒーやチョコレートの香りと濃厚な果実味。

【山梨のメルロー種】の特徴

山梨の標高の高い地域(牧丘地区、明野地区、勝沼の一部、甲府の一部、山梨市八幡地区)での栽培が多く、果実の凝縮度の高さよりも、酸味と渋み、柔らかいタンニンを感じ、優しいボディになる。

カベルネ・ソーヴィニヨン種

ブラックチェリーやブラックベリーの香り。タンニン、酸が豊富。渋みや苦みも感じるが長期熟成により、なめらかで複雑な香りと味わいのボディに変貌する。

カベルネ・ソーヴィニヨン種

【山梨のカベルネ・ソーヴィニヨン種】の特徴

メルロー同様に標高の高い地域（牧丘地区明野地区、勝沼の一部、北杜地区）での栽培が実績を上げている。山梨ではミントや杉の香りを感じる。メルロー種やプティ・ヴェルド種とのブレンドにより、より複雑な香りと味わいを放つ。

シラー種

ブラックベリー、ブラックチェリー、プラム等の香りにスパイシーな黒胡椒を感じる。なめし皮やベーコンのようなジビエ系のイメージが特徴。パワフルなボディの中に甘いタバコのような香りも感じる。

【山梨のシラー種】の特徴

山梨では昨今、急激に栽培が増えている。酸が特徴で、柔らかいタンニンとスパイシーな香りが表に出やすい。

プティ・ヴェルド種

ブラックベリー、ブラックチェリーの香りに、スミレやセージのようなお花の香りが特徴的。ボルドー地方ではブレンド品種として、色づけや香味にアクセントを付ける役割を持つ。

【山梨のプティ・ヴェルド種】の特徴

山梨では比較的良い条件で栽培が進み、単一でのワインでも、ボディの骨格を成す酸味とタンニンがしっかりと表れている。山梨の地（勝沼地区、塩山千野地区、牧丘地区、甲府の一部、明野地区）において、長期熟成による可能性を広げる品種。

カベルネ・フラン種

カシスやブルーベリー、さくらんぼ、木いちごの香りに甘い果実風味が特徴。軽やかなタンニンと柔らかい酸味によりバランスの良いボディ。

【山梨のカベルネ・フラン種】の特徴

高温多湿な栽培環境でも良い結果を出し、山梨（明野地区、北杜地区）ではボディのしっかりとしたワインをリリースしている。今後プティ・ヴェルド種とともに山梨の欧州系黒ぶどう品種の柱となり得る。

シャルドネ種

国や地域により様々な顔を見せ、世界中にファンの多い品種。温暖な地域では洋ナシやアプリコットの香りにバターやナッツの香り。味わいは粘性がありクリーミー。冷涼な地域ではグレープフルーツや青りんごの香りを感じ、鉱物的なニュアンスからスパイシーさが表れる。

シャルドネ種

【山梨のシャルドネ種】の特徴

山梨では比較的冷涼な地域（勝沼地区、明野地区、北杜地区）の特徴であるミネラルや鉱物的なニュアンスのスタイルが多いが、地区によっては温暖な地域での洋ナシやアプリコットのような熟したフルーツの特徴が表れるワインも登場している。

ソーヴィニヨン・ブラン種

地域や地区によって幅の広い香りを放つ。冷涼地域ではライムやレモンに青い芝生の香り。温暖地域では白桃やパッションフルーツにミントの香り、クリーミーな味わい。共通しているものはハーブや花の香りを、トロピカルフルーツのような南国の果実を感じる。

【山梨のソーヴィニヨン・ブラン種】の特徴

山梨では比較的ハーブやミントの香りが強調され、爽やかな酸味と共にミネラルも感じる。
（勝沼の一部、甲府の一部）

デラウエア種

世界中のぶどう品種が栽培されている山梨の中で、比較的冷涼地域での酸や果実味や香りを表現している品種が多い中、デラウエア種は異質を放っている。ミカンや洋ナシ、オレンジの花、分かりやすくいえばマスカットの香りを感じ、南国風な華やかなイメージを持つ。

【山梨のデラウエア種】の特徴

甲州種とのブレンドも多く、酸の骨格を甲州種に求め、華やかな香りをデラウエア種に求める（山梨ブラン）としての位置を確立し始めている。（勝沼地区、一宮地区、奥野田地区）

ブラック・クイーン種

新潟出身の川上善兵衛によって、一九二七

（昭和二）年にベイリー種とゴールデン・クイーン種が交配されて開発された品種。主に山梨県、新潟県、長野県などで長きに渡り栽培され続けられている。（山梨県全域）

【ステンレスタンク発酵】の特徴

濃いガーネット色のワインになり、香りは、イチゴから完熟したブラックベーリー系の香りまで幅広い。酸味が豊富でタンニンもしっかりと骨格を成している。

【樽熟成】の特徴

樽由来のバニラ香との相性が良く、スパイシーでナッツやカカオの香り、柔らかい酸味とタンニンで、長期熟成による可能性を感じる。

【山梨のブラック・クイーン種】の特徴

醸造家の腕次第で、若いイチゴの香りからブラックベリーの香りまで、幅の広い香りを放つ。酸味とタンニンが強調される品種ではあるが、樽熟成によりスパイシーでカカオや、ダークチョコレートの香りを放ち長期熟成も楽しみ。可能性の高い品種として、各ワイナリーが栽培を増やし始め、今後注目される品種となり得る。（甲州市全般）

◉マリアージュ（相性の良い料理）

パンチの利いた香辛料を使用した料理との相性は抜群。中華料理、エスニック料理、タイ料理、バーベキュー、ジンギスカン、ジビエ料理。

甲斐ノワール種

一九六四（昭和三九）年にブラック・クイーン種とカベルネ・ソーヴィニヨン種を交配して開発された品種。カベルネ・ソーヴィニヨンに似たブラックベリーの香りや酸味とタンニンが豊富なボディに仕上がる。

【樽熟成】の特徴

カシスやブラックチェリーの香り。ハーブや針葉樹などの香りも感じる。酸味とタンニンの豊富さから、ゆっくりと熟成させ、時間をかけると、驚くほどの長期熟成を見せ、エレガントで、シルキーなボディに仕上がる。

【山梨の甲斐ノワール】の特徴

山梨での栽培は比較的良好。低地でも高地でも栽培しやすく病気にかかりにくい。醸造方法により酸味とタンニンのバランスを取ることが難しく、醸造家の経験が特に必要。完熟に向かわせた栽培方法による果実からは、長期熟成に耐えうるポテンシャルを発揮する。（山梨県全域）

◉マリアージュ（相性の良い料理）

幅広い料理との相性を持つワイン。味噌・醤油を中心とした料理からオリーブオイル、動物脂、バターを使用した料理まで幅広い。牛ステーキ、ローストビーフ、豚肉角煮、肉じゃが、牛すき焼、牛しゃぶ（ごまみそタレ）。

甲斐ノワール種

土の特徴

▼勝沼・東雲地区

標高三〇〇メートルの甲府盆地の中では低地の分類に入る。粘土質土壌地域では果皮の厚いぶどうが収穫される。砂礫土壌地域では匠の栽培家により傑出したぶどうを栽培している。長きに渡りワイナリーとの強い結びつきのある地域として醸造家と栽培家が一体となり強い絆で勝沼のワインを牽引してきた地域。

○御坂・一宮地区

金川沿いの土壌は急流地帯により削り取られ三〇センチも掘ると石だらけの石灰岩土壌。御坂山系からの冷たい風により、昼夜の寒暖差のある地域。甲州種の新たな香りの可能性を引き出した地区として有名。

●岩崎・藤井・日川渓谷地区

扇状地帯により水はけが良く乾いた土壌地帯。日川が扇状地を分断し、渓谷を成しており、河原沿いの砂地で水はけのよい土壌。笹子峠からの笹子颪により、昼夜の寒暖差のある地域。日川流域の砂質土壌地域では、甲州種の新たな可能性を感じさせる凝縮感のあるぶどうが収穫されている

□鳥居平・菱山地区

標高三五〇メートル以上。日当たりが良く水はけの良い粘土交じりの砂礫土壌。勾配のきつい斜面が多く、果皮が薄く酸がしっかりとし、凝縮感のある骨格を成すぶどうが栽培される。単一畑のワインは、ミネラルと酸、旨味の三拍子揃った、山梨を代表するワインに位置付けられる。

▼塩山地区

標高三〇〇メートルの甲府盆地の中では低地の分類に入る。重川流域は砂質土壌。奥野田地域は急斜面による水はけの良い土壌。平地は粘土質土壌により果皮の厚いぶどうが収穫される。

■千野・玉宮地区

広大な南向き斜面を持つ水はけの良い粘土砂礫地域の千野地区と、急勾配の竹森川により削り取られ、渓谷を成す玉宮地区は、南向き斜面が多く点在する地域。収穫時期が遅いため、酸が落ちにくく、糖度が高いぶどうが収穫される。

△牧丘地区

峡東地域随一の広大な南向き斜面を有し、水はけの良い粘土砂礫地区。標高六〇〇メートル以上のこの地区は酸が高くミネラル豊富なぶどうの収穫が見込まれ、盆地特有の暑さを感じさせず、夏場でも冷涼地。各ワイナリーが自社畑や契約畑を持ち始めている。

▲八幡・岩手・万力地区

笛吹川へ流れ込む無数の支流が渓谷や岩肌を作り、複雑に富んだ地区。兄川、弟川、平等川沿いは、削り取られた水はけの良い地区。万力地区は南東向き斜面の水はけの良い岩盤の丘の上に、広大な栽培地区を持つ。その環境から数々の新しい品種の栽培がおこなわれている。

▼甲府地区
甲府地区の中でも、甲運地区は花崗岩の岩山を背景に礫が多く、水はけの良い地域。玉諸地区は平等川と濁川に挟まれた砂質土壌により水はけが良い。市街地が広がる中、経験のある栽培者により、特徴ある畑が守られ続けており、甲府盆地のすり鉢の底で、標高の低い土地柄を生かした栽培技術が引き継がれている。

▼北杜・明野地区
明野地区は標高七〇〇メートル以上の立地に、日本一の日照時間を持つ地域。粘土質の土壌で、茅ヶ岳や八ヶ岳からの風が強い地域。北杜地区は尾白川流域の砂質土壌により水はけの良い土壌で、甲斐駒ヶ岳からの強い風により、昼夜の寒暖差が大きい地域。その恵まれた環境により、欧州系品種の栽培が盛んな地域。

▼韮崎・穂坂地区
韮崎ＩＣ周辺の穂坂、上ノ山地区は広大な南向き斜面を有し、粘土砂礫の水はけの良い地域。南アルプス、富士山、八ヶ岳や茅ヶ岳などを望める見晴らしの良い場所で、東西南北から吹く強い風に曝される場所。果皮が厚く凝縮感のあるぶどうが収穫される。特にＭＢＡの栽培地として有名。

▼南アルプス地区
白根地区と櫛形地区を中心に、「月夜でも焼ける」といわれるほどの干ばつ地帯。標高三五〇メートル～五〇〇メートルの広大な栽培地を持つ地区。酸が高く、ミネラル豊富なぶどうの収穫が見込まれ、各ワイナリーの契約畑が数多く存在している。今後、欧州系品種への栽培が増えていく地域。

ブレンドのはなし

一九九〇（平成二）年に品種交配された黒ぶどう品種のヤマ・ソーヴィニヨン種への期待が寄せられ、回帰が注目されています。また、欧州系品種では、シラー種や、ピノ・ノワール種を筆頭に、グルナッシュ種、ネッビオーロ等、白ぶどう品種はシュナンブラン種、ピノ・グリ種、ヴィオニエ種、アルバリーニョ種、セミヨン種等の品種の栽培が盛んです。幅広い品種を栽培していくことにより、山梨での適地適作適応能力のある品種を模索し、次の世代へ向けて、新たな可能性への挑戦が続けられています。さらに、既存の甲州種とＭＢＡとのブレンドや、新たな品種のブレンドによる「山梨ブラン」や「山梨ルージュ」への可能性の追求です。さて、今後一〇年後にはどのようなノーブルグレープ（高貴品種）とのブレンドで、世界へ羽ばたくワインが登場するのでしょうか。今からワクワクします。

※掲載されているワインの特徴や味わいは、ヴィンテージにより、変化するスタイルや香り・味わい・特徴があるため、典型的な製法からくる特徴を記しています。合わせて山梨県の産地別の特徴や、マリアージュ（相性の良い料理）から、山梨ワインを選ぶ参考にして頂ければと思います。

山梨県拡大図

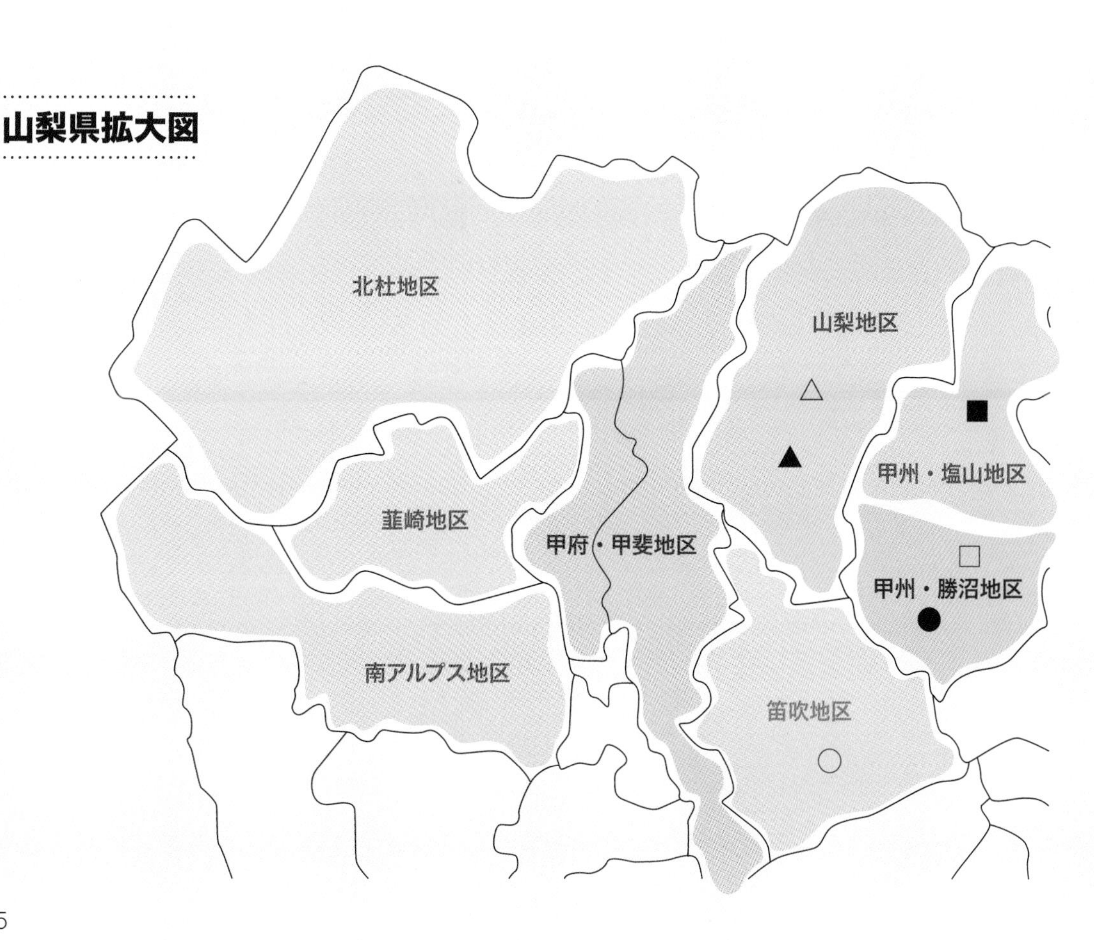

あさや葡萄酒

勝沼の未来を、人との繋がりと地域文化の継承と捉え、地元とともに歩むワイナリー

雨宮一樹（栽培醸造責任者）

10年後に向けて挑戦したいこと

先代から受け継いでいるぶどう畑、ワイナリーが存在している土地、これらの地域特性、文化、風土をさらに探求していくとともに、効率よく、良い環境でのぶどう作りやワイン造りを後世に残すため、10年といわず、次の100年に向けてそれらを地道に整えていきたいです。ぶどうの品種やワインの種類が多岐にわたるので、地域特性を踏まえた品種の選択や淘汰は必要だと感じていますが、若手の新たなチャレンジは歓迎していきたいです。また、県内地域にある自社管理畑の充実がもっとも重要だと考えています。

会社名	麻屋葡萄酒株式会社
住所	山梨県甲州市勝沼町等々力166
TEL	0553-44-1022
代表者	雨宮清春（代表取締役社長）

麻屋葡萄酒の屋号は、創業者である雨宮高造が修行していた酒屋の屋号の暖簾分けである。「ワイン造りはまさに地域の風土を反映した仕事である」と捉え、地元農家と連携しながら良質なぶどう作り、ワイン造りにこだわる。甲州種やMBAなど、従来の日本ワイン用の品種をさらに注力するとともに、山梨県作出のハイブリッド品種や欧州系品種へのトライアルをおこなっている。また甲州市原産地呼称ワイン認証制度、GI Yamanashi等を踏まえながら、高品質のぶどう栽培にこだわる。勝沼にしかない、麻屋にしかないワイン造りに勤しみ、地域特性を踏まえて品種の個性を活かしたワイン造りに取り組んでいる。勝沼産甲州種を一〇〇%使った「勝沼甲州シュールリー」、勝沼産のブラック・クイーン種を使用し、長期の樽熟成と瓶熟成を重ねた麻屋特別限定醸造「ブラッククイーン」などがある。

あさや葡萄酒

勝沼甲州シュールリー
品種：甲州種
醸造方法：シュール・リー製法
スタイル：白 辛口

麻屋メルロ樽熟成
品種：メルロー種
醸造方法：樽熟成
スタイル：赤 ミディアムボディ

勝沼甲州 かもし
品種：甲州種
醸造方法：ステンレスタンク発酵
スタイル：白 辛口

麻屋限定醸造
ブラッククイーン
品種：ブラック・クイーン種
醸造方法：樽熟成
スタイル：赤 ミディアムボディ

自社管理畑（メルロ種・ブラック・クイーン種）

NITTA's Comment

栽培に従事する雨宮一樹氏は、地元の消防団活動からPTA、スポーツ少年団等、その活動により、地域の幅広い年代から絶大な信頼を得ています。地元の栽培者から情報がいち早く集まり、直ぐに実践。歴代の栽培者とのコミュニケーションを欠かさず、清水醸造家と共に、次の若い世代との繋がりと新しい取り組みを始めています。

イケダワイナリー

造り手と飲み手の心が通い合う、味わいのあるワイン造りを目指す

10年後に向けて挑戦したいこと

勝沼の各地域の特徴を活かしたぶどう栽培とワイン造りを目指します。特に自社畑のシラー種には可能性を見出し、勝沼から高品質な赤ワインを発信していきます。

池田俊和（栽培醸造責任者）

会社名	イケダワイナリー株式会社
住所	山梨県甲州市勝沼町下岩崎1943
TEL	0553-44-2190
代表者	池田俊和（代表取締役社長）

山梨の老舗ワイナリーにて栽培と醸造の責任者だった池田俊和が一九九五（平成七）年に起ち上げたワイナリー。ワインを通じて、造り手と飲み手の心が通い合う、そんな理想を掲げる池田氏は、勝沼地区の醸造家の中でも注目の一人である。八〇年代より勝沼のワインを全国に広めるべく仲間と数々のイベントを成功させ、今のワインイベントの基礎を築き上げた。

気候風土の特性を活かしたぶどう作りにこだわり、時間とともに熟成させ、ぶどうの個性を引き出し、味わいのあるワイン造りを目指している。勝沼町菱山地区の契約栽培者が手掛けた、選りすぐりのぶどうだけで作られた、「グランキュヴェ甲州　勝沼菱山畑」は一年樽で発酵し、貯蔵熟成する。菱山地区の水はけのよい土地柄で栽培される甲州ぶどうの完熟した香味と酸味を活かした造りに徹し、特徴ある味のワインを目指してい

イケダ ワイナリー

イケダワイナリー
グランキュヴェ シラー

品種：シラー種
醸造方法：樽熟成
スタイル：赤 フルボディ

イケダワイナリー
グランキュヴェ甲州
勝沼菱山畑

品種：甲州種
醸造方法：樽発酵・樽熟成
スタイル：白 辛口

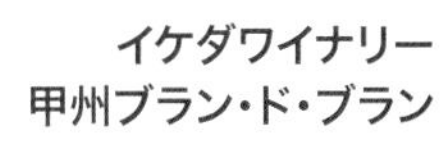

イケダワイナリー
甲州ブラン・ド・ブラン

品種：甲州種
醸造方法：ガス充填方式
スタイル：白 スパークリング 辛口

ぶどうを除梗破砕機に入れ込む作業

る。また「イケダワイナリー セレクト白」は、勝沼町岩崎地区、菱山地区のぶどうを新樽と古樽の中で発酵熟成させ、二つの地区のぶどうをブレンドすることで、それぞれの特徴を樽の中で引き出し、香り高いワインを造り出している。

ワイナリーに隣接する畑

NITTA's Comment

勝沼のワイン産業を日本全国へ発信し続けていた80年代、若手醸造家として邁進していた池田氏の活動は、今現在に繋がっています。試行錯誤を繰り返し、樽により甲州種の可能性を引き上げてきました。池田氏のワインは、現在、若手醸造家に大きな影響を与えています。

本格醸造の“ホンジョーさん”
風土の理解者として農家と手を取り合い、
長年のワインファンの魂を震わせる

岩崎醸造

三科隆

会社名	岩崎醸造株式会社
住所	山梨県甲州市勝沼町下岩崎957
TEL	0553-44-0020
代表者	三科隆（代表取締役社長）

10年後に向けて挑戦したいこと

2019年（令和元）年からテロワールへの理解を栽培や醸造に反映させるだけでなく、味わいから連想される文化的要素をデザインとして取り込んだ新作ワインを造り始めました。栽培面では、「これからの環境に適応する欧州系ぶどう品種の模索」を目標に、2021（令和3）年に黒ぶどう品種のタナ種、ムールヴェードル種、白ぶどう品種のアルバリーニョ種やヴィオニエ種を植樹しました。10年後にはこれらの新たな品種から造られたワインが増えていると思います。また醸造面では「山梨の風土を活かした新世代のワインを造ること」として、スパークリングワインやフィールドブレンドにチャレンジしています。今後、これらの作品を振り返って高い評価を頂けるよう努力していきます。

甲州ぶどうの発祥地である岩崎で、ぶどう栽培とワイン醸造をおこなっていた製造免許者一三〇人が、協同で一九四一（昭和一六）年に創業。一九四六（昭和二一）年には当時としては珍しかった土蔵倉庫や大樽を設置し、本格的な醸造設備を取り入れ、地元では「本格醸造の〝ホンジョーさん〟」という愛称で親しまれた。一〇〇年以上ぶどう栽培を続け、勝沼の風土を理解している生産者から代々ぶどうを購入し、常に風土の香りを大切に、個性豊かなワイン造りを心がけ、岩崎醸造の歴史を伝える大樽で今も造り続けている。創業当初から株主農家と堅牢な信頼関係を築き、「その関係の根底にあるのは、とにかく良いワインを造ろうという単純なものではなく、ぶどう栽培の苦労に対する理解、お互いへの思いやり、そして今ある文化を未来に引き継ぎたい意志なんです」と商品開発室室長の白石は語る。

勝沼 マスカットベリーA

品種：マスカット・ベーリーA種
製造：樽熟成
スタイル：赤 ミディアムボディ

ホンジョー 甲州ドライ 大樽貯蔵

品種：甲州種
製造：樽貯蔵
スタイル：白 辛口

シャトー・ホンジョー 甲斐ノワール 樽熟成

品種：甲斐ノワール種
製造：樽熟成
スタイル：赤 ミディアムボディ

ホンジョーワイン

シャトー・ホンジョー アンティーク

品種：甲州種
製造：醸し発酵
スタイル：白 辛口

ワイナリーの外観

70年以上の歴史を刻む大樽

三科隆社長（左）と
白石壮真氏（右）

NITTA's Comment

勝沼の歴史と伝統を知り尽くす代表の三科隆氏は、戦後からの勝沼のワインの行く末を見つめ、その一言一言が10年後の勝沼のワイン業界へのエールと感じます。その魂を若い世代の醸造家である白石氏、斎藤氏がしっかりと受け止め、新しい風を吹き込んでいます。

MGVs（マグヴィス）ワイナリー

半導体製造で培った技術を醸造・栽培に応用、山梨のテロワールを追求するワイナリー

Photo by Junya Igarashi

10年後に向けて挑戦したいこと

日本固有品種の甲州種とマスカット・ベーリーA種（MBA）で世界に認められるワイン造りを目指しています。10年以上の長期熟成が可能な"ファインワイン"を安定的にお届けできるような体制と、ぶどう栽培、ワイン造りに取り組んでいます。また、2021（令和3）年に初めて甲州種とMBAの苗木をニュージーランドに輸出。雨のないNZの南側で栽培・醸造をおこない、日本固有品種のポテンシャルを探ることで、品種の可能性を確認し、世界で、甲州種とMBAのワインが飲まれるような活動を進めていきたいと思っております。

松坂浩志

会社名	株式会社塩山製作所
住所	山梨県甲州市勝沼町等々力601-17
TEL	0553-44-6030
代表者	松坂浩志（代表取締役社長）

牧丘町隼地区にある畑

半導体製造加工を手掛ける塩山製作所が二〇一七（平成二九）年に起ち上げたワイナリー。
土地の特徴を色濃く出すため、ぶどう栽培にこだわり、できるだけ自然のまま力強く育て、小粒で凝縮感のある健全な完熟ぶどうの栽培に取り組んでいる。そんなぶどうを丁寧に育てる栽培家の前田健は、勝沼町下岩崎のぶどう農家に生まれ、二十五歳から父の栽培していたぶどう園で四代目として生食用ぶどうを中心に栽培に従事し、二〇一六（平成二八）年より本ワイナリーの栽培責任者となった。
醸造家である袖山政一は、山梨大学大学院で発酵生産学を学んだ後、サッポロビールに入社し、サッポロワイン勝沼工場長、サッポロワイン研究所・所長を経て前田とともにこだわりのワインを造り出す醸造責任者。ぶどうの個性をそのまま引き出すように、酵母の育成を見守ってテロワールを表現し、良質なぶどうから〝一〇年熟成のできるワイン〟を醸造することを目指している。白ワイン（甲州種）なら「K234一宮町卯ツ木田」「K131勝沼町下川久保」、赤ワイン（MBA）なら「B153勝沼町引前」、スパークリングワインなら「K138勝沼町」。これらはMGVsワイナリーのフラッグシップワインである。

テイスティングルーム　Photo by Junya Igarashi

Photo by Junya Igarashi

ワイナリーに隣接する自社畑

自社工場のステンレスタンク

NITTA's Comment

グローバルな目線と人脈を持つ松坂浩志氏は、ワイナリーの起ち上げからワインボトルのセレクトまで、世界を見て廻り、研究しています。長年培った半導体技術の研究成果と経験を、家業であるぶどう栽培と醸造技術に応用し、蓄積したデータをもとに栽培履歴を構築。日川渓谷に栽培される甲州種は、地名を明記し、土地の個性を表現し、可能性を広げています。

K234 一宮町卯ッ木田

品種：甲州種
醸造方法：樽発酵・ステンレスタンク貯蔵
スタイル：白 辛口

K538 GI Yamanashi

品種：甲州種
醸造方法：瓶内二次発酵
スタイル：白 スパークリングワイン 辛口

B153 勝沼町引前

品種：マスカット・ベーリーA種
醸造方法：ステンレスタンク発酵・樽熟成
スタイル：赤 フルボディ

K131 勝沼町下川久保

品種：甲州種
醸造方法：ステンレスタンク発酵
スタイル：白 辛口

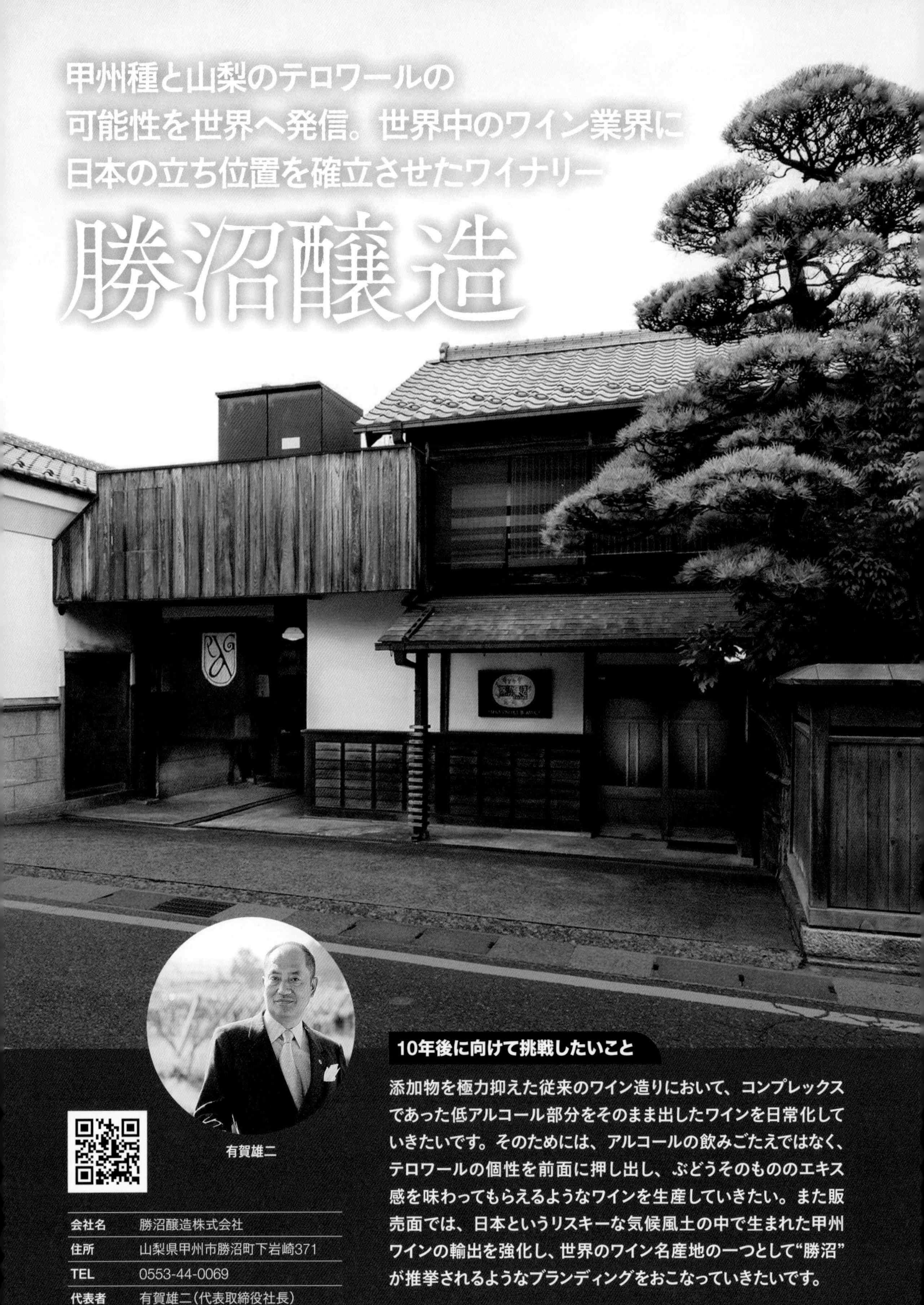

甲州種と山梨のテロワールの
可能性を世界へ発信。世界中のワイン業界に
日本の立ち位置を確立させたワイナリー

勝沼醸造

有賀雄二

会社名	勝沼醸造株式会社
住所	山梨県甲州市勝沼町下岩崎371
TEL	0553-44-0069
代表者	有賀雄二（代表取締役社長）

10年後に向けて挑戦したいこと

添加物を極力抑えた従来のワイン造りにおいて、コンプレックスであった低アルコール部分をそのまま出したワインを日常化していきたいです。そのためには、アルコールの飲みごたえではなく、テロワールの個性を前面に押し出し、ぶどうそのもののエキス感を味わってもらえるようなワインを生産していきたい。また販売面では、日本というリスキーな気候風土の中で生まれた甲州ワインの輸出を強化し、世界のワイン名産地の一つとして“勝沼”が推挙されるようなブランディングをおこなっていきたいです。

ショップに併設されている樽の貯蔵庫

初代有賀義隣が製糸業を営む傍ら、一九三七（昭和一二）年にワイン造りをスタートさせた老舗ワイナリー。その後も一貫して産地〝勝沼〟の風土に根ざし、「たとえ一樽でも最高のものを」を理念に、世界に通じるワイン造りを目指している。勝沼の風土を映し出すワイン造りに取り組み、テロワールの可能性には日々追求の手を緩めない。

「最高のワインを造るには良質なぶどうを収穫すること」と、ぶどう栽培にも力を入れており、一本一本の垣根が狭い、〝垣根栽培〟は、一本の木に成る実を制限し、甘みが強く、味の濃いぶどうが育つ。また、土が硬くなるのを防ぐため、余分な肥料を与えず、その分こまめに手入れをすることで病気を未然に防ぎ、石灰などを入れて土地の改良をおこなうなど、手間と時間は惜しまない、こだわりのぶどう栽培をおこなっている。

そんな勝沼醸造が特に力を入れているワインが五種類の「アルガブランカ」シリーズ。中でもトップキュヴェは「アルガブランカイセハラ」で、単一畑の伊勢原から収穫したぶどうを使い、香りと酸味、甘さの絶妙なバランスが特徴的なワインである。

ショップの二階にある
テイスティングルーム

垣根栽培のマスカット・ベーリーA 種の自社畑

開放的なテイスティングエリア

完熟を迎える甲州種

NITTA's Comment

月に一度、有賀氏との勉強会を、地元の仲間とともに続けていくことは、私にとって大きな財産になっています。「商圏は世界中にある」という有賀氏のメッセージは自身も有言実行しており、「アルガブランカ イセハラ」は、日本のテロワールの可能性を感じさせ、甲州種の可能性を世界へ羽ばたかせてくれました。山梨の甲州種100%を手掛ける有賀氏の心意気と生産者に対する愛情が、イセハラを誕生させたのでしょう。その思いは3人の息子さんが引き継ぎ、さらに世界の表舞台で活躍していきます。

有形文化財に指定されているワイナリーの看板

アルガブランカ イセハラ
品種：甲州種
醸造方法：ステンレスタンク発酵　部樽発酵・樽熟成
スタイル：白 辛口

アルガブランカ ブリリャンテ
品種：甲州種
醸造方法：瓶内二次発酵
スタイル：白 スパークリングワイン 辛口

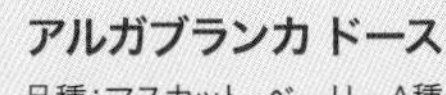

勝沼醸造

アルガブランカ ドース
品種：マスカット・ベーリーA種
醸造方法：ステンレスタンク発酵
スタイル：白 極甘口

アルガブランカ
クラレーザ
品種：甲州種
醸造方法：シュール・リー製法
スタイル：白 辛口

アルガブランカ
ピッパ
品種：甲州種
醸造方法：樽発酵・瓶熟成
スタイル：白 辛口

地元の農家のためにある 勝沼の原点ワイナリー

錦城葡萄酒

10年後に向けて挑戦したいこと

「勝沼の東雲といえば錦城だね」といって頂けるような、お客様や地域、そして社員に愛され続ける会社を目指しています。甲州種やMBAを守り、品質を上げて、日本中のファンに「美味しいね」といって頂けるようなワイン造りを目指します。また、甲州種とMBAのスパークリングワイン造りにチャレンジしながら、750mlの瓶を導入して海外への輸出も視野に入れていく予定です。

高埜よしみ

会社名	錦城葡萄酒株式会社
住所	山梨県甲州市勝沼町小佐手1833
TEL	0553-44-1567
代表者	高埜よしみ（代表取締役社長）

近隣のぶどう農家が共同で設立した赤坂醸造組合からスタートし、日本古来のぶどうである甲州種とMBAを守るため、日々様々な努力を続けながら、現在に至る。白ワインはすべて勝沼産の甲州種一〇〇％を使用、赤ワインはMBAとカベルネ・ソーヴィニヨン種と甲斐ノワール種を使用している。栽培者の顔が見え、安心して仕込みができるという理由で、地元のぶどうだけを使う。収穫したぶどうをすぐに栽培者と一緒に仕込めるので、原料を吟味しながら新鮮なうちに作業ができる。甲州種の柔らかくてフルーティーな香りを大切にし、誰にでも美味しく楽しく飲んでもらえる白ワインを、また赤ワインは一部樽熟成で、なめらかで深みのある味わいを目指している。勝沼産甲州種一〇〇％で造られた「東雲」は、勝沼町東雲地区に流れる鬢櫛（びんぐし）川と田草川に挟まれた水はけのよい土壌が生み出す白ワインである。

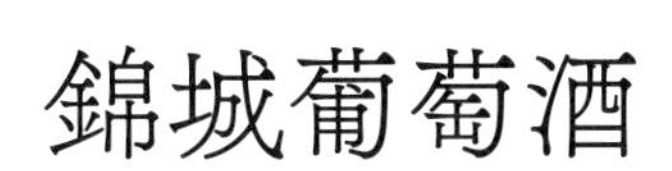

錦城葡萄酒

錦城ワイン甲州 1800ml

品種：甲州種
醸造方法：ステンレスタンク発酵
スタイル：白 辛口

小佐手

品種：マスカット・ベーリーA種
醸造方法：樽熟成
スタイル：赤 ミディアムボディ

東雲

品種：甲州種
醸造方法：ステンレスタンク発酵
スタイル：白 やや辛口

高埜社長を囲んで

色づく前の自社畑のカベルネ・ソーヴィニヨン種

また、同じく東雲地区の小佐手で作られたMBAを一〇〇%使い、完熟を待って十分糖度の上がった遅摘みのぶどうを使って三ヶ月樽熟成させた赤ワイン「小佐手 樽熟成」も外せない。

NITTA's Comment

私の地元・東雲地区の伝統あるワイナリー。子供のころからワイナリーに出入りし、父と一緒に仕入れに行っていた場所。栽培者の方々44軒、一人一人の顔もしっかりと浮かびます。地元の名前を付けた「東雲」（白ワイン）と「小佐手」（赤ワイン）は、東雲地区に何世代にも渡って引き継いできた、私の地元の"魂のワイン"です。

くらむぼんワイン

人間と自然の共存を
テーマに、
土地やぶどうの
個性を感じる
ワイン造りを目指す

10年後に向けて挑戦したいこと

鳥居平や垣根の自社ぶどう畑では、テロワールが感じられるワイン造りを心がけております。自然に即した栽培と天然酵母での醸造をしていますが、今後は品種の切り替えなどを通じて、より凝縮して熟成にも適したワインを目指していきます。勝沼町は歴史的にも甲州種が生まれた聖地で、くらむぼんワインでも最も力を入れている品種です。この勝沼が永続していくよう、サステナビリティをテーマに栽培醸造を続けながら、新規就農者への支援をおこなっていきます。

野沢たかひこ

会社名	株式会社くらむぼんワイン
住所	山梨県甲州市勝沼町下岩崎835
TEL	0553-44-0111
代表者	野沢たかひこ（栽培醸造責任者）

地下ワインセラー

勝沼にある葡萄栽培農家が集まって「田中葡萄酒醸造協同組合」を一九三二（昭和七）年に設立。その後、有限会社山梨ワイン醸造、株式会社山梨ワインを経て、創業一〇〇周年の二〇一三（平成二五）年に醸造から原料を国産ぶどう一〇〇％にすることとした。翌年、〃株式会社くらむぼんワイン〃と現在の社名に変更し、地元の農家とより密接に結びついたワイナリーとなった。

〃くらむぼん〃という名前は、宮沢賢治の童話『やまなし』で蟹が話す言葉に由来する。人間と自然の共存、科学の限界、他人への思いやりを童話で伝えた宮沢賢治に共感し、この社名が付けられた。

自社畑は二〇〇七（平成一九）年から畑にほとんど肥料を与えず、耕さず、雑草を生やしたまま栽培する自然に即した栽培をおこなっている。「ぶどうがワインに変わっていくのを助けてあげるのがワインメーカーの役割」という哲学を掲げ、病果を丁寧に取り除き、ゆっくりと発酵がおこなわれたワインは、最小限の濾過（場合によっては無濾過）をして瓶詰めされる。「酵母や樽の風味はあくまでもワインに奥行を与える存在として、果実の風味を補う形であるべきだ」という考えのもと、果皮につく土着酵母によって発酵させるなど、土地やぶどうの個性を残したワイン造りを心がけている。

特に力を入れている品種は、系統選抜したものを勝沼の鳥居平に植えることで風味の凝縮した、糖度の高い甲州種である。また温暖化を受けて垣根畑（宇田中）ではタナ種、プティ・ヴェルド種、ヴィオニエ種やアルバリーニョ種など南仏系の品種への切り替えも始めており、カベルネ種やシャルドネ種にブレンドしている。

自社畑で育つカベルネ・ソーヴィニヨン種の手入れ

歴史あるワイナリー

NITTA's Comment

とてもインテリジェンスに溢れた感性を持つ野沢氏。自然と共存する栽培と醸造を目指すワイン造りには、世界中からの情報収集による、確固たるデータの蓄積がバックボーンとなっています。一年一年を無駄にせず、自社畑における栽培経験が積み重なってきています。2007（平成19）年からの七俵地畑と2010（平成22）年からの鳥居平畑の甲州種への取り組みは、くらむぼんワインのフラッグシップワイン。凝縮感があり、ぶどう丸かじりしたような果実味は、畑からのぶどうの力と彼のフィロソフィーを感じます。

くらむぼん ワイン

くらむぼん 甲州

品種:甲州種
醸造方法:ステンレスタンク発酵
スタイル:白 辛口

くらむぼん N
カベルネ・ソーヴィニヨン

品種:カベルネ・ソーヴィニヨン種
醸造方法:樽熟成
スタイル:赤 フルボディ

くらむぼん N
シャルドネ

品種:シャルドネ種
醸造方法:樽発酵・樽熟成
スタイル:白 辛口

くらむぼん
マスカット・ベーリーA

品種:マスカット・ベーリーA種
醸造方法:樽熟成
スタイル:赤 ミディアムボディ

"ぶどう"がなりたいワインを造る！

グランポレール 勝沼ワイナリー

工藤雅義（チーフワインメーカー）

会社名	サッポロビール株式会社
住所	山梨県甲州市勝沼町綿塚字大正577
TEL	0553-44-2345
代表者	野瀬裕之

10年後に向けて挑戦したいこと

「熟成によって美味しくなるワインの魅力」。30年以上ワインの製造に携わってきて、常々そういうワインを造りたいと思ってきました。その答えの一つが「グランポレール山梨甲州 樽発酵」ですが、樽発酵甲州の可能性を、今後さらに追求していきたいです。「甲斐ノワール」はブラック・クイーン種とカベルネ・ソーヴィニヨン種を交配して、山梨県果樹試験場が育成した品種です。暑い山梨でも良く着色し、酸味が良く残ること、そしてなんといってもカベルネ・ソーヴィニヨン種の性質を色濃く受け継いでいることから、長期熟成型の赤ワイン用の品種として有望だと感じていますが、栽培者が減っており、今後が心配です。「グランポレール」が展開する他の産地では、日本ではまだまだ栽培実績の少ないピノ・ノワール種、シラー種、ソーヴィニヨン・ブラン種に挑戦しています。その他の新しい品種にも挑戦していきたいです。

手入れが行き届いている自社畑

サッポロビールの一〇〇周年記念事業として、一九七六（昭和五一）年に日本のワイン発祥の地〝勝沼〟に勝沼ワイナリーを創業、ワイン造りをスタートさせた。二〇〇三（平成一五）年に国産ぶどうを一〇〇%使ったプレミアムな日本ワインを目指して「グランポレール」ブランドを起ち上げた。二〇一二（平成二四）年には勝沼ワイナリーを「グランポレール」専用ワイナリーとしてフルリニューアルし、名称を「グランポレール勝沼ワイナリー」へと改めた。現グランポレールチーフワインメーカー工藤雅義がワイナリーの設計から関わり、小ロット製造の醸造設備を導入するなど、日本ワインの新しい可能性に挑んでいる。

グランポレールでは、北海道、長野、山梨、岡山の四つの産地で栽培されたぶどうからワインを造り、それぞれの産地に適したぶどう品種を栽培し、そのぶどうから品種の特徴と産地の個性を十分発揮したワインを造っている。サッポロビールという大手資本のワイナリーだが、創業以来一貫して勝沼の農家と連携を強化し、土地特有のワイン造りに取り組み、「ぶどうがなりたいワインを造る」をモットーに、もの言わぬぶどうの声に耳を傾け、醸造家のエゴを極力排除したワイン造りをおこなっている。

勝沼町東雲地域に特化した甲州種を、地区や栽培者ごとに分けて樽発酵し、ブレンドタンクに移して樽熟成をおこなって仕上げた「グランポレール 山梨甲州 樽発酵」は、その可能性をさらに探求していきたいワイン。「山梨甲斐ノワール 特別仕込み」は、食味や糖度、色付きに優れた熟度の高いぶどうだけを使って仕込み、小樽で熟成することで柔らかな香りとなめらかなタンニンが特徴的である。

手入れの行き届いた自社畑

赤い屋根が特徴的なワイナリー

収穫を待つ甲州種

NITTA's Comment

創業以来、勝沼町綿塚地区の契約栽培者とともに歩み続け、信頼関係を築いてきました。特に甲州種と甲斐ノワール種は、地元綿塚地区の栽培者の誇りでもある品種。コンクールでも数々の賞を受賞し、グランポレール勝沼ワイナリーの顔といっても良いでしょう。日本全国に畑とワイナリーを持つグランポレールが勝沼の地を拠点としている大きな意味は、この品種の存在があるからだといっても過言ではありません。

グランポレール
勝沼ワイナリー

グランポレール 山梨甲斐ノワール
〈特別仕込み〉
品種:甲斐ノワール種
製造方法:樽熟成
スタイル:赤 フルボディ

グランポレール
山梨甲州〈樽発酵〉
品種:甲州種
製造方法:樽発酵
スタイル:白 辛口

今村恒朗

勝沼の中心地で地元の栽培者と
絶大な信頼関係を結び、
共に伝統を引き継ぐワインを造る

シャトー勝沼

10年後に向けて挑戦したいこと

みなさまが幸せになれるワイン造りを、これから十年、いや何十年も変わらずに続けていきたいと思います。

会社名	株式会社シャトー勝沼
住所	山梨県甲州市勝沼町菱山4729
TEL	0553-44-0073
代表者	今村恒朗（常務取締役）

初代より受け継がれた「ぶどうの栽培から醸造、販売まで、全て一貫した手作り」という哲学を、今でも守り続けている老舗ワイナリー。一八七七（明治一〇）年の創業以来、本場フランス仕込みのワイン造りを約一四〇年間続けている。一月の剪定から収穫まで、日々ぶどうの状況を確認しながら一房一房丁寧に栽培し、「ワイン造りはぶどう作りから」という言葉を大切にしている。

根本となる土作りに気を配り、自社畑および契約栽培農園では、有機質肥料による土壌の育成と保護を徹底し、減農薬に取り組む。笹子峠から吹く冷たい風が生む昼夜の寒暖差によって、糖度が高く酸味のある良質なぶどうが育つ環境で、それが濃厚ないいワインを生む。元料理人であり、ソムリエである代表の今村は、伝統を守りながら日本料理に合うワインを造ることをモットーに、醸造にもこだわりを見せる。

シャトー勝沼

スパークリング樽
品種:甲州種
醸造方法:樽熟成・ガス充填方式
スタイル:白 スパークリングワイン 辛口

菱山ブラッククイーン
品種:ブラック・クイーン種
醸造方法:ステンレスタンク発酵
スタイル:赤 ミディアムボディ

**プレミアム
スパークリング甲州**
品種:甲州種
醸造方法:ガス充填方式
スタイル:白 スパークリングワイン やや辛口

シャトー勝沼ワイナリーの外観

隣接する甲州種の畑

NITTA's Comment

広い見識を持ち、日本の伝統文化にも造詣が深い、代表の今村恒朗氏。奥様の英香女史と、勝沼の生産者とともに、黄金の丘と銘打つ勝沼の栽培地を引き継ぎ、次の世代へと繋いでいくことでしょう。特にブラック・クイーン種は長年大切に栽培され続けてきた、シャトー勝沼のフラッグシップ品種です。

Photo by 山岸伸

シャトージュン

異色の業界からの参入の洗練されたスタイリッシュな感性が存在感を示すワイナリー

10年後に向けて挑戦したいこと

農家とともに喜びや悲しみを共有できる、そんなワイナリーでありたいです。みんなで一緒になって造り上げたワインだということが、一口飲むことで伝わるようなワインであれば最高です。目指すワインは、嘘のない正直なワイン。当たり前のように生活の中にあり、力みのない、そんなワインを目指したいです。新たに挑戦したいことは、野菜作りです。

仁林欣也（栽培醸造責任者）

会社名	シャトージュン株式会社
住所	山梨県甲州市勝沼町菱山3308
TEL	0553-44-2501
代表者	佐々木進（代表取締役会長）

ファッションアパレルメーカーである「JUN GROUP」が運営するワイナリー。「正直なワイン造り」をモットーに、国産のぶどうにこだわり、熟練した栽培家と共に、日々、より良いワイン造りをおこなっている。勝沼町三ケ所の自社畑の栽培と契約農家によって栽培されたぶどうは、平均して樹齢二十年程度の樹から収穫される。また北杜市白州町においては、貴腐ワインに使われるセミヨン種も栽培している。日本ならではの〝やわらかく、かつ滋味が溢れるワイン〟を造るために、醸造の面でも深いこだわりがあり、「ワインの品質を向上させる技術は用いても、元のぶどうの個性を無視して無理に濃い味のワインを造ることはせず、ぶどう本来の味をどう表現するか」と、代表であり醸造責任者である仁林は語る。二〇一九（令和元）年「G20大阪サミット」の首脳夕食会では「シャトージュン甲州2018」が採用された。

シャトージュン

シャトージュン
シャルドネ
品種：シャルドネ種
醸造方法：樽発酵・樽熟成
スタイル：白 辛口

シャトージュン
プティ・ベルド
品種：プティ・ヴェルド種
醸造方法：樽熟成
スタイル：赤 フルボディ

シャトージュン 甲州
品種：甲州種
醸造方法：ステンレスタンク発酵
スタイル：白 やや辛口

勝沼町にある自社畑

ぶどうの手入れをする仁林氏

NITTA's Comment

シャトージュンのワインの個性は、仁林欣也氏の個性といってよいでしょう。あまり感情を表に出さない仁林氏ですが、胸の内に秘める契約栽培者への愛情や、ワイン造りに向き合う姿は、ワインの個性にしっかりと表現されています。

「ぶどう栽培家」「ワイン醸造家」「飲み手」ともに喜びを分かち合えるワイン造りを目指す

シャトレーゼ ベルフォーレワイナリー 勝沼ワイナリー

西島洋介、戸澤一幸

10年後に向けて挑戦したいこと

山梨県のアイデンティティである甲州ワインに磨きをかけながら、温暖化に向けてぶどうを改植し、新しい赤ワイン用のぶどう栽培に取り組んでいます。原料からこだわる「シャトレーゼ」のコンセプトに沿ったぶどう作りに励み、幅広く多くの方に楽しんで頂けるようなワインに仕上げ、シャトレーゼ発祥の地、“勝沼”に足を運んで頂けるようなワイナリーを目指します。

会社名	株式会社シャトレーゼベルフォーレワイナリー勝沼ワイナリー
住所	山梨県甲州市勝沼町勝沼2830-3
TEL	0553-20-4700
代表者	戸澤一幸(醸造責任者)

洋菓子メーカーシャトレーゼの看板

山梨県県に本社を構える洋菓子メーカー「シャトレーゼ」が、二〇〇〇（平成一二）年よりワイン製造をスタート。その後、雪印ベルフォーレを買収、コンセプトの異なる二つのワイナリーを経営し、ぶどう栽培からこだわる〝シャトレーゼベルフォーレワイナリー 勝沼ワイナリー〟が誕生した。

盆地である山梨県は、山の斜面や川沿いなどに畑が点在しており、標高も三五〇〜八〇〇メートルと落差があるため、その土質は多岐にわたる。そのためぶどうの風味も土地によって大きく異なる。そんなぶどうの特徴やポテンシャルを最大限に引き出してブレンドし、五感を使って酵母やワインと向き合いながら、丹念に仕込んだ風味豊かなワインを造り出している。二〇一二（平成二四）年より瓶内二次発酵の本格スパークリングワインの製造設備も導入。「三つの喜び」という意味を持つ「トロワ・ジョア」シリーズは、「ぶどう栽培家」「ワイン醸造家」「飲み手」の三者がともに喜びを分かち合えるワインとなったときのみ醸造する、本ワイナリーのプレミアム・シリーズである。

除梗破砕後の
ぶどうの絞りかす

手作業によるぶどう果汁の仕込み

NITTA's Comment

醸造と栽培の責任者である戸澤氏の、真っ黒な顔と体つきはまさに、畑が似合う勝沼を象徴する栽培家。右腕としてすべてをとりしきる醸造家の西島氏とともに突き進んでいきます。収穫されたぶどうは、食品会社イメージをそのまま反映したような、清潔で整頓されたピカピカの醸造場所で扱われます。彼が造り出すワインは、畑から収穫された甲州種がそのままワインに形を変えた、そんな感覚を覚えます。ニュージーランドにおけるワイン造りの経験は、彼が"山梨でワインを造る意味"を考えさせてくれた大きな経験だと語ってくれました。

ワイナリー正面

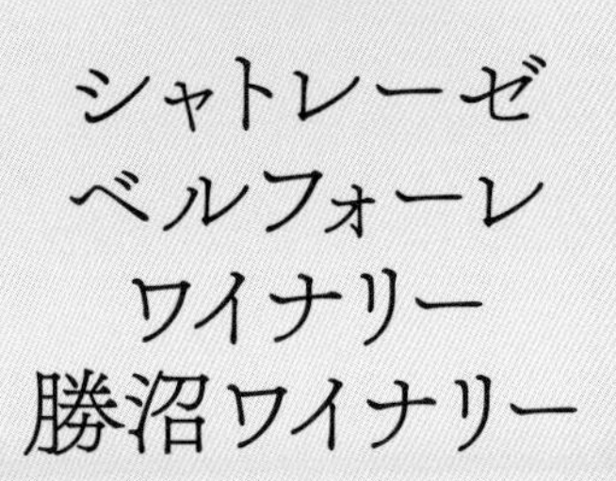

シャトレーゼ ベルフォーレ ワイナリー 勝沼ワイナリー

勝沼 甲州シュール・リー

品種：甲州種
醸造方法：シュール・リー製法
スタイル：白 辛口

トロアジョア

品種：メルロー種／カベルネ・ソーヴィニヨン種
醸造方法：樽熟成
スタイル：赤 フルボディ

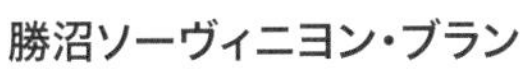

勝沼ソーヴィニヨン・ブラン

品種：ソーヴィニヨン・ブラン種
醸造方法：ステンレスタンク発酵
スタイル：白 辛口

ピノ・ノワール

品種：ピノ・ノワール種
醸造方法：樽熟成
スタイル：赤 ミディアムボディ

ドメーヌシャトレーゼ 赤

品種：メルロー種／
カベルネ・ソーヴィニヨン種 他
醸造方法：樽熟成
スタイル：赤 ミディアムボディ

伝統を引き継ぐために、
新しい取り組みに挑戦し続けるワイナリー

白百合醸造

10年後に向けて挑戦したいこと

今と同じように、地元のぶどうから高品質なワインを造り続けていきます。そして今までと同じように、高い目標に向かって努力していきます。

内田多加夫、内田圭哉

会社名	白百合醸造株式会社
住所	山梨県甲州市勝沼町等々力878-2
TEL	0553-44-3131
代表者	内田多加夫（代表取締役社長）

ワイナリーの試飲ルーム

白百合葡萄酒協同組合として、一九三八（昭和一三）年に現在のオーナーである内田多加夫の祖父である内田国太郎が創業。看板にも掲げられている「ロリアン」とは、〝東洋〟を意味するフランス語で、ヨーロッパに負けない品質のワイン造りを目指して名付けられた。地元を大切にすることが、美味しいワイン造りの基本であり、そのコンセプトをもとに、栽培から醸造まで〝ローカル〟であることにこだわる。

勝沼町の気候や地質がぶどう栽培に適していることから、自社畑にて常に一貫性のあるぶどう栽培を追求している。特にぶどうの酸化を防ぐために収穫してから短時間で圧搾作業に入り、発酵過程は緩やかな醸造をおこなっている。また、地元の気候や風土に合う欧州系品種のぶどうを少しずつ栽培することを通して、新たな栽培方法や土壌管理を研究し続けている。「その風土に合ったぶどうで造るから美味しいワインができる」。内田がフランスのプロヴァンス地方に留学している時、フランス人から学んだこの考えは、白百合醸造のワイン造りにおいてベースとなっている。その哲学を踏襲し、勝沼で最高のワインを造るべく、日々研鑽を続けている。

トップキュヴェの看板ワインは、勝沼産の甲州ぶどうのみを使用し、辛口で旨味が残るシュール・リー製法で醸造された「ロリアン勝沼甲州」。DWWA（二〇二一年）にて最高賞となるプラチナを受賞。国内高得点を獲得したワインである。

今ではほとんど栽培されていない「甲州三尺種」

白百合醸造の後を継ぐ内田圭哉氏

熟練のスタッフたち

NITTA's Comment

自社畑の造成、グラッパの製造、栽培クラブの起ち上げ等、数々の挑戦をしてきた内田多加夫氏。2021（令和3）年にご子息の内田圭哉氏がフランスより帰国し、その功績を引き継いでいく。父の背中を見てきた圭哉氏は、自社畑での可能性をさらに広げようと新品種への取り組みと、甲州種への可能性を広げていくことを決意している。多加夫氏を取り巻く技術者集団と熟練のスタッフたちとヨーロッパを超えるべく、今後の活動に期待しています。

ロリアンワイン

ロリアン甲州樽発酵
品種：甲州種
醸造方法：樽発酵・樽熟成
スタイル：白 辛口

ロリアン勝沼甲州
品種：甲州種
醸造方法：シュール・リー製法
スタイル：白 辛口
＊DWWA（2021）プラチナ賞受賞

ロリアン
メルロー樽熟成
品種：メルロー種
醸造方法：樽熟成
スタイル：赤 フルボディ

ロリアン
内田葡萄焼酒樽熟成
〈樽甲州〉（グラッパ）
品種：甲州種
醸造方法：蒸留酒

ロリアン

マスカット・ベーリーA樽熟成
品種：マスカット・ベーリーA種
醸造方法：樽熟成
スタイル：赤 ミディアムボディ

蒼龍葡萄酒

日常に楽しめる、幅広いワインのスタイルを発信し続ける、親しみのあるワイナリー

10年後に向けて挑戦したいこと

高品質でありながら、高級でも特別でもなく、家族や友人と楽しむ日常酒として、国産ワインを浸透させていくことが真の成熟したワイン文化であり、国産ワインの活性化に繋がると考えています。自社畑ぶどうの高品質化に取り組み、甲州種、メルロー種、プティ・ヴェルド種、ビジュ・ノワール種から造られるワインを、当社の最高峰シリーズとして確立させていきたいです。勝沼という地へ常に敬意を払い、この地でワイン生産に携われることを誇りに、これからも社員一同、ワイン造りに精進していきたいです。

鈴木卓偉

会社名	蒼龍葡萄酒株式会社
住所	山梨県甲州市勝沼町下岩崎1841
TEL	0553-44-0026
代表者	鈴木卓偉（代表取締役社長）

幸福を呼ぶ神とされる「蒼龍」を社名に持ち、創業一八九九（明治三二）年、勝沼でも伝統のあるワイナリーの一つ。「その年の最高のワインを造る――ぶどうの持つ特性に忠実に、品質本来の特徴や魅力を素直に香りや味わいで表現すること」を哲学とし、時に、樽やシュール・リー製法でほんのり薄化粧をし、別の魅力が溢れ出すようなワイン造りをおこなっている。栽培担当の人間だけでなく、他部署の多くの人間が自社畑の作業に自発的にかかわり、自社畑の作業には徹底して手間をかけている。栽培家と醸造家が一体となって研究と努力を重ね、社員全員で蒼龍のぶどうを育て、自社畑のぶどう一〇〇％を使った「垣根甲州」「日川渓谷」シリーズには心から敬意を払っている。品質の良いぶどう栽培に真摯に取り組んでいくという姿勢は、その高いクオリティーの味と香りのワインに表現されている。

蒼龍葡萄酒

垣根甲州
品種：甲州種
醸造方法：樽発酵・樽熟成
スタイル：白 辛口

シトラスセント甲州
品種：甲州種（ノンボルドー）
醸造方法：ステンレスタンク発酵
スタイル：白 辛口

山梨のベーリーA樽熟成
品種：マスカット・ベーリーA種
醸造方法：樽熟成
スタイル：赤 ミディアムボディ

日川渓谷沿いの自社畑

破砕作業

充填作業

NITTA's Comment

勝沼の生産者を大切にしてきたワイナリー。自社畑にも力を入れ始め、日川渓谷沿いで育った高品質なぶどうから造られるワインは、勝沼を代表するワインのポテンシャルを持ち、10年後には大きく羽ばたいているでしょう。

強烈な個性
日本の赤ワインの概念を打ち破る

ダイヤモンド酒造

10年後に向けて挑戦したいこと

ブルゴーニュから帰国し、土着品種に特に着目してきたこの20年ですが、今後は更に日本の品種に着目し、ブラック・クイーン種の栽培と醸造を手掛けていきたい。可能性が大きなこの品種にはまだまだポテンシャルがあり、今までにないスタイルを模索していきます。

雨宮吉男

会社名	株式会社ダイヤモンド酒造
住所	山梨県甲州市勝沼町下岩崎880
TEL	0553-44-0129
代表者	雨宮吉男（栽培醸造責任者）

穂坂地区の契約栽培農家

初代雨宮定次が一九三九（昭和一二）年に地元のぶどう栽培農家と自分たちが飲むためのワインを醸造するために「石原田ブドウ酒造組合」を発足。一九六三（昭和三八）年に現ワイナリー名に変更した。二代目雨宮荘一郎は当時としては先進的な考えで、巨峰から甘口ワインを初めて造る。三代目雨宮吉男はボルドー大学でワインの基礎を学んだ後、ブルゴーニュで修行を重ねて帰国。日本未輸入だったオーク樽を日本で初めて輸入したことでも有名で、国内の醸造家に大きな影響を与えた人物の一人である。

韮崎市穂坂地区で栽培されているMBAに惚れ込み、契約栽培農家である横内と共に韮崎のワインを世界に発信している。雨宮は数々の国内ソムリエやジャーナリストからの評価が高く、彼の手掛ける赤ワインは日本を代表するワインの一つである。

ワイン造りに対するこだわりとして、自分のできる実力の中で一番良いと思うことを実践し、虚勢や見えを張って大きなことや奇跡を望まない。自分のペースや考え方を変えず、力を抜く時は抜くという考えのもとで、ワイン造りを進めていくことを心がけている。

歴史を刻んでいる看板

仕込みを待つ甲州種

ワイナリーの表看板

NITTA's Comment

毎年栽培されるぶどうの見極め方のブレない考え方と、醸造に向き合う行動力が際立っています。搾汁から発酵状況までの工程は、彼独自の感性によっておこなわれ、誰にも真似できません。フランス語を巧みに操り、世界中に張り巡らされた人脈とコミュニケーション力を持ち、世界のトレンドをいち早く取り入れています。経験と知識をすり合わせ、直ぐに実行する行動力に妥協はありません。将来、ブラック・クイーン種に着目している彼の造るワインがとても楽しみです。酸味や渋みが強いこの品種を、彼がどのように世界のスタンダードな品種に格上げさせていくのか、今からワクワクしています。

強い絆で結ばれた契約農家の方々

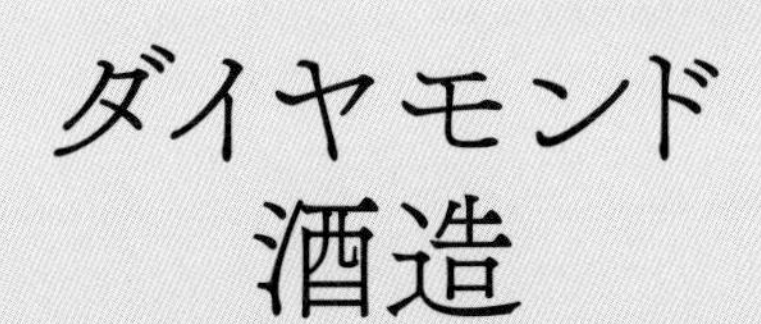

ダイヤモンド酒造

シャンテY.A下岩崎甲州

品種：甲州種
醸造方法：ステンレスタンク発酵
スタイル：白 辛口

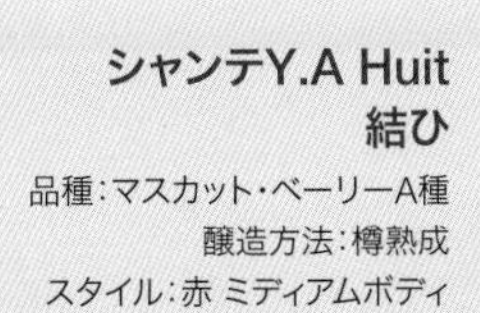

シャンテY.A Huit
結ひ

品種：マスカット・ベーリーA種
醸造方法：樽熟成
スタイル：赤 ミディアムボディ

シャンテY.A
ますかっと・ベーリーA
Y cube

品種：マスカット・ベーリーA種
醸造方法：樽熟成
スタイル：赤 ミディアムボディ

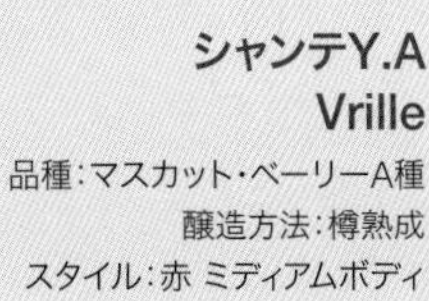

シャンテY.A
Vrille

品種：マスカット・ベーリーA種
醸造方法：樽熟成
スタイル：赤 ミディアムボディ

萩原保樹（醸造販売責任者）

大和葡萄酒

10年後に向けて挑戦したいこと

4代続く大和葡萄酒の伝統を繋ぎ、山梨の地において甲州種の価値をさらに広げ、世界へ広めていきたいです。長野県の四賀ワイナリーにおいては欧州系品種によるさらなる高品質ワインを追求し、世界へアプローチできるワイン造りを続けていきたいです。京都市内に整備を進める栽培地での活動は、古来からの品種への取り組みや、京都限定の販売等、独自性の追求を求めていきます。この3地区での3本の柱を、今後さらに発展していきたいと思っています。

会社名	大和葡萄酒株式会社
住所	山梨県甲州市勝沼町等々力776-1
TEL	0553-44-0433
代表者	萩原保樹(代表取締役)

油問屋を約二五〇年間営んでいた萩原家が、一九一三（大正元）年に勝沼へ基盤を移し、一九五三（昭和二八）年に大和葡萄酒株式会社として法人化。二〇〇一（平成一三）年から事業の主力をワインに定め、四代目である萩原保樹氏によりその伝統が守られている。日本古来の品種を大切にし、ぶどうのルーツを理解しながら、日本の環境に合うワインを醸造している。「世界品質」を基本方針として、世界に誇れる甲州ワインの生産に取り組んでおり、「凝縮」「複雑」「エレガント」という三つの柱を重要視している。土壌の改良や水分量の調整などの多岐にわたる研究をおこない、勝沼ワインが世界に認められるために、日々改良を続けている。指定文化財で百年樹の「甲龍」より枝分けした甲州種のぶどうを使った「古代甲州」、甲州ぶどうを樽熟成し、ほのかなオークの香りと程よい酸味が特徴的な「ハギースパーク重畳」などがある。

大和葡萄酒

ハギースパーク重畳
品種：甲州種
醸造方法：樽熟成・ガス充填方式
スタイル：白 スパークリング 辛口

古代甲州
品種：甲州種
醸造方法：ステンレスタンク発酵
スタイル：白 辛口

Vin de Royal 右八
品種：シラー種
醸造方法：樽熟成
スタイル：赤 フルボディ

NITTA's Comment

個性的な活動と新しいムーブメントを引き起こす萩原氏は、勝沼でも異端児。発想力と勝沼愛、そしてその行動力は、10年後にどんな結果と業績を残すのかとても楽しみです。

熟成を待つ沢山の樽

世界が認めるワインを山梨の地から
創出したパイオニア。
日本のワインとは何かを表現し続けるワイナリー

中央葡萄酒

三澤茂計

10年後に向けて挑戦したいこと

「日本の美しさをワインに表現する」それがグレイスワインのフィロソフィーです。旗艦となるのは、約一世紀にわたり代々受け継がれてきた甲州種。品種の構成や産地の特性を重んじながら、その魅力を引き出し、熟成に耐えられるオーセンティックなスタイルを貫きながら、島国ならではの“自然の豊かさ”や、日本人ならではの“美しい手仕事”により、日本の品格ときめ細やかさをワインに包み込む。一過性の美味しさや目新しさではなく、地域の財産となるような、“心を震わせるワイン”を造りたいです。

会社名	中央葡萄酒株式会社
住所	山梨県甲州市勝沼町等々力173
TEL	0553-44-1230
代表者	三澤茂計（代表取締役社長）

栽培醸造家・三澤彩奈　©GRACE WINE

初代の三澤長太郎が一九二三（大正一二）年に創業し、発売した「長太郎印葡萄酒」から、三代目の三澤一雄が一九五三（昭和二八）年に中央葡萄酒株式会社を設立、ギリシャ神話の三美神「Tree Graces」から名前を取り「グレイスワイン」と名付けた。

標高や日照時間、土壌や風向きなどの自然条件に恵まれた産地に畑を構え、除草剤や化成肥料を一切使用せず、循環型の栽培を目指している。また、畑の土着酵母の使用や、独自のマサルセレクションによる、産地特性と品種の個性を引き出すワイン造りをおこなっている。区画ごとの仕込みやきめ細やかな選果作業など、日本人の手仕事を大切にし、瓶内二次発酵後に五年以上の熟成をおこなうスパークリングワインなど、一貫して熟成に耐えられるワイン造りを進めている。

二〇一九（令和元）年に「Grace Blanc de Blancs 2014」がブルームバーグにおいて世界のトップテン入りを果たすなど、過去に数々の賞を受賞している。現在はすべてのワインコンクールから一歩引き、「グレイスワイン」のエレガントな味わいを守りながら、山梨の風土をワインに表現するために、様々なチャレンジを続けている。

自社畑の三澤農場

ぶどうの育成具合の確認作業

NITTA's Comment

三澤彩奈女史は山梨の気候・風土、そして代々引き継がれていく歴史を尊重しながら、これからも行き着くであろう日本らしいワインの姿を見据えているような気がします。父の三澤茂計氏が始めた甲州種の系統選抜から栽培方法確立までの長い道のりを、幼いころから目の当たりにし、日本でワインを造ることの意味を、体中に感じて成長してきたのだと思います。そのフィロソフィーがワインに表現され、世界中のワイン愛好家の胸をときめかせているのでしょう。

Grace Blanc de Blancs

品種：シャルドネ種
醸造方法：瓶内二次発酵
スタイル：白 辛口

甲州 鳥居平畑

品種：甲州種
醸造方法：ステンレスタンク発酵
スタイル：白 辛口

三澤甲州

品種：甲州種
醸造方法：ステンレスタンク発酵・貯蔵
スタイル：白 辛口

キュヴェ三澤

品種：カベルネ・フラン種／プティ・ヴェルド種
醸造方法：樽熟成
スタイル：赤 フルボディ

キュヴェ三澤 Blanc

品種：シャルドネ種
醸造方法：樽発酵・樽熟成
スタイル：白 辛口

原茂ワイン

個性的な赤ワインを造り続ける、
勝沼の中心地にあるワイナリー

古屋真太郎

会社名	原茂ワイン株式会社
住所	山梨県甲州市勝沼町勝沼3181
TEL	0553-44-0121
代表者	古屋真太郎（栽培醸造責任者）

10年後に向けて挑戦したいこと

勝沼の仲間と、世代を超えて、ぶどう栽培、ワイン造りを続け、世界の名醸地に数えられるような土地にしたいと思っています。そのためには真摯にぶどう造りに向き合うことが大切です。畑仕事は単調ですが、毎日違う空の下、いつの日か、日本のジュヴレ・シャンベルタン村、勝沼はグラン・クリュの宝庫だといわれるよう勝沼の同志たちと日々研究を重ねています。そしてなにより、訪ねて楽しいワイナリーを目指していきます。

ワイナリーの目の前にある自社畑

「畑に出て、勝沼の雨や風、土の匂いを感じながら作業をすることがワインの味作り」そう語るのが醸造を担当する山崎紘央だ。山に囲まれた甲府盆地の東の斜面にできたぶどう棚の景観は、世界に自慢できるものだと、胸を張る山崎が代表を務める原茂ワインの創業は一九二四（大正一三）年、地元の共同醸造場としてスタートした。「原茂」という名前は、昔、この地が原と呼ばれる地名であったことと、代々、茂左衛門を襲名していたことが由来である。

ワイン造りのためにドローンを導入し剪定の検討、AIを使った分析など、最先端のテクノロジーを導入する傍ら、伝統を重んじ、自然の声に耳を傾けながらのワイン造りにこだわる。

山梨県産のぶどうのみを使用し、清潔なワイナリーにすることで健全なワインを醸造するよう心がけている。「原茂 勝沼甲州」「原茂アルモ・ノワール」「原茂 シャルドネ」「原茂 メルロー」など、原茂ワインのこだわりをぜひ試して欲しい。

趣のあるテイスティングコーナー

二階へと続く歴史を感じさせる階段

趣のある外観

ワイナリーを代表する
数々のワインが並ぶ

NITTA's Comment

醸造責任者の古屋真太郎氏は、地元勝沼中学校の一つ上の野球部の先輩。当時からチームをまとめる兄貴的存在でした。そんな人柄のため、地元の栽培者からの信頼が厚く、勝沼の中心地から高品質なぶどうが毎年集められます。自社畑では、アルモ・ノワール種に可能性を見出し、力を入れています。山梨の中心地である勝沼から、新たな可能性のある品種が次世代の後継者、山崎紘央氏へ引き継がれて、世界を目指します。

ハラモ 甲州シュールリー
品種:甲州種
醸造方法:シュール・リー製法
スタイル:白 辛口

ハラモ シャルドネ
品種:シャルドネ種
醸造方法:樽発酵・樽熟成
スタイル:白 辛口

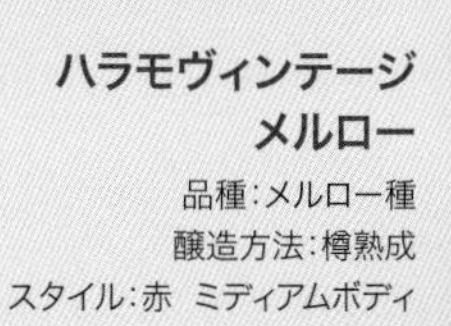

ハラモヴィンテージ
メルロー
品種:メルロー種
醸造方法:樽熟成
スタイル:赤 ミディアムボディ

原茂ワイン

ハラモ アルモノワール
品種:アルモ・ノワール種
醸造方法:樽熟成
スタイル:赤 ミディアムボディ

伝統を引き継ぐ菱山地区の農家の将来を考えた、新しい取り組みに挑戦し続けるワイナリー

菱山中央醸造

10年後に向けて挑戦したいこと

持続可能な地域とワイン造りを担っていくために、伝統を引き継ぎながら新しい取り組みに挑戦していきたいです。菱山地区を訪れてくれるお客様のニーズにこたえるため、年間を通して販売できるぶどうを原料とした加工品の販売、生食用の新品種を中心とした多品種のぶどう栽培に力を入れております。そして、菱山地区の伝統を生かしたワイン造りを目指しています。地元の人達が造ったぶどうから出来る自分たちのワイン造りを目指すことが、ワインを中心とした観光業の発展に繋がっていくことだと思っております。

三森夫妻

会社名	菱山中央醸造有限会社
住所	山梨県甲州市勝沼町菱山1425
TEL	0553-44-0356
代表者	三森斉（代表取締役社長）

葡萄栽培農家が三二戸集まり「菱山中央醸造組合」として一九三六（昭和一一）年に誕生、一九九六年（平成八）年に、現在の名称に変更した。自家消費のためのワイン造りからスタートし、その伝統的な味わいと香りの中に、次世代へ向けた菱山のぶどうを表現したワイン造りを目指している。また、地元の農家と共生しながら、持続可能な仕組みを模索し、実践している。一年に一回の収穫を通してしか収益が出ない農家の仕事を、ワイン造りと販売とともに、一年を通して農家の収益が上がる二次三次産業へと転換していくことで、後継者へバトンを渡すことが出来る地域づくりを目指そうとしている。ワイン造りを主軸として、生食用ぶどう、レーズン、葡萄ジュース、菓子作り、そして観光業など、その取り組みは多岐にわたる。現在はぶどう栽培、ワイン造りを中心に、菱山地区の将来を担う取り組みをさらに広げている。

菱山中央醸造

無印ボトル 甲州

品種：甲州種
醸造方法：ステンレスタンク発酵
スタイル：白 やや辛口

無印ボトル ロゼ

品種：巨峰種 他
醸造方法：ステンレスタンク発酵
スタイル：ロゼ 中口

勝沼ヴァンムスー

品種：デラウェア種
醸造方法：ガス充填方式
スタイル：白 スパークリング やや甘口

搾汁をまつ甲州種

自社看板とブドウ狩り体験用のハサミ

NITTA's Comment

菱山の地域を愛し、農家としての位置づけを忘れず、将来に何を残していくことが良いのかを真正面から受け止めている三森家族。ワイン造りの根底には、自分たちが美味しく飲みたいという気持ちがあり、それがぶどうの品質向上、ワインの酒質のさらなる発展へと繋がっています。

創業来一貫して日本の食卓に合うワイン造りを目指すワイナリー

フジッコワイナリー

澤村貫太

会社名	フジッコワイナリー株式会社
住所	山梨県甲州市勝沼町下岩崎2770-1
TEL	0553-44-3181
代表者	澤村貫太（代表取締役社長）

10年後に向けて挑戦したいこと

2022（令和3）年から山梨県北杜市武川町にある40haにも及ぶ自社畑で植樹がスタートし、新しい挑戦が本格的に始動します。今後は武川町で収穫したぶどうを使った新ブランドを起ち上げ、私たちのワイン造りへの挑戦や哲学を表現したワインを生み出していきます。その新ブランドのワインを中心に、海外への積極的な輸出や世界的なコンペティションへの出品を強化することで、世界的な認知度を高めていきたいです。そして日本だけでなく世界を代表するワイナリーを目指します。

「気候・風土・生産者によって産まれたぶどうの個性を最大限に引き出して素直に表現する」一九六三（昭和三八）年、甲州盆地の南東に位置する京戸川扇状地に広がるぶどう畑。長野県の代表的なぶどう産地である塩尻で経験を積んだ栽培家の久保田博之は、ぶどうの樹一つ一つの個性を理解し、個性にあった育て方をすることを心がけている。また、短期的な視点で収量や無理のある栽培をおこなわず、長期的にぶどうの樹が健全に育つことを目指している。

栽培担当者と連携を取りながら良質な原料を活かし、食品メーカーのワイナリーという観点から、清潔でクリアなワイン造りを目指す。北杜市明野町にある自社畑のカベルネ・ソーヴィニヨン種を一〇〇％使い、良果のみを収穫し醸した後、約六ヶ月の樽熟成をおこなって造る「フジクレール カベルネ・ソーヴィニヨン」はフジッコワイナリーの代表ワインである。

フジクレール メルロー隼山
品種：メルロー種
醸造方法：樽熟成
スタイル：赤 フルボディ

フジクレール 甲州シュールリー東渓
品種：甲州種
醸造方法：シュールー・リー製法
スタイル：白 辛口

フジクレール カベルネ・ソーヴィニヨン
品種：カベルネ・ソーヴィニヨン種
醸造方法：樽熟成
スタイル：赤 フルボディ

フジクレール マスカット・ベーリーAラシス
品種：マスカット・ベーリーA種
醸造方法：樽熟成
スタイル：赤 フルボディ

フジッコワイナリー

ぶどうを破砕除梗機に入れる様子

テイスティングルームからのぞむ甲府盆地

NITTA's Comment

山梨市牧丘地区で久保田氏により栽培されるメルロー種は、山梨を代表する宝。恵まれた地勢と卓越した栽培により生まれる「メルロー隼山」はフジッコワイナリーの顔ともいえます。自社栽培の原料とともに、次の新しいワイナリーの顔が登場してくるでしょう。

中原ワイナリー
ドメーヌ・オヤマダ

ぶどうのポテンシャルを追求し、“いたずらにワインを汚さない”をモットーにワインを造る醸造家

小山田幸紀

10年後に向けて挑戦したいこと

日本の農業の将来を見据え、農地を継承・活用し、農業従事者の雇用・育成をおこなっていきます。ワインの商品名はすべてぶどう生産の畑名とし、各々の畑に適した品種を植栽していく適地適作の概念を実行していきます。その上で、日本ではまだ確立されていない“ワインのテロワール表現の訴求”を目指します。

会社名	ペイザナ農事組合法人
住所	山梨県甲州市勝沼町中原5288-1
TEL	非公開
代表者	小山田幸紀（栽培醸造責任者）

ペイザナ農事組合法人とは、山梨市、甲州市、笛吹市、甲府市、北杜市を中心に活動する団体である。農業人口が減少する中で、日本の農業の将来を見据えた農地の活用や農業従事者の育成を目指して二〇一一（平成二三）年に設立された。ドメーヌ・オヤマダのワインは、このペイザナの協同醸造所である中原ワイナリーで造られている。自らの探求する農法により、棚栽培で既存の甲州種やデラウエア種、MBAの品質と付加価値向上に努めるとともに、山梨の土壌に合った、病気に強くかつ収穫量が比較的多い希少品種の導入をおこなっている培養酵母や酵素、発酵助剤などを一切使わず、ぶどうに付着した自然酵母のみで発酵をおこなう。また、品質保全のための亜硫酸の使用は最低限にし、極めて天候が不良な年を除き、アルコール分上昇を意図した糖分の添加もおこなわない手法にこだわり続けている。

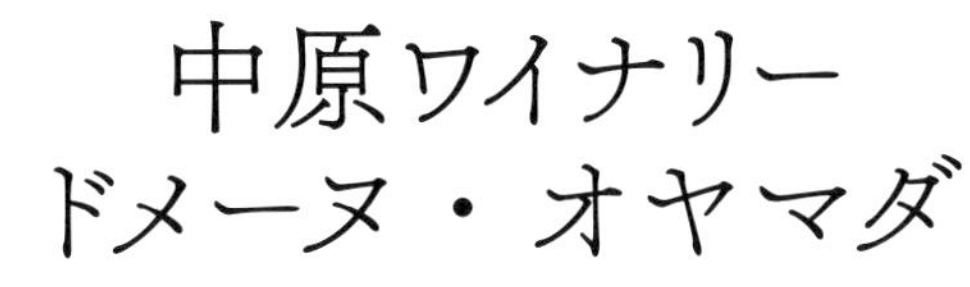

中原ワイナリー ドメーヌ・オヤマダ

BOW!　白

品種：デラウエア種／プティ・マンサン種／シュナンブラン種／カベルネフラン種
醸造方法：ステンレスタンク発酵・一部樽熟成
スタイル：白 辛口

BOW!　赤

品種：カベルネ・フラン種／マスカット・ベーリーA種／ムールヴェードル種／プティ・ベルド種
醸造方法：ステンレスタンク発酵・樽熟成
スタイル：赤 ミディアムボディ

日向

品種：シラー種／ムールヴェードル種／タナ種
醸造方法：ステンレスタンク発酵・樽熟成
スタイル：赤 ミディアムボディ

万力

品種：甲州種／プティ・マンサン種／シュナンブラン種
醸造方法：ステンレスタンク発酵・樽熟成
スタイル：白 辛口

祝

品種：デラウエア種／甲州種／プティ・マンサン種
醸造方法：樽発酵後瓶内二次発酵
スタイル：白 スパークリング 辛口

NITTA's Comment

山梨に新しい品種の可能性をいち早く取り入れ、実行し、結果を出した小山田氏。シャトールミエール時代から全国より小山田氏の考え方を学ぶために集まってきた若きヴィニュロンたち。ペイザナ農事組合でのは、その思いを実行する場所です。伝統品種と新たな可能性を秘めた品種との融合は、次世代のヴィニュロンたちに大きな影響力を発信しています。

熟成を確認する小山田氏

いまだどこにもない、美味しいワインを造る

中原ワイナリー ドメーヌ・ポンコツ

松岡数人

10年後に向けて挑戦したいこと

自分がテロワールを語るのは、10年早いと考えています。つまり乱暴な言い方ですが、今はただ造っているだけにすぎません。自分の栽培、自分の品種で、自ら葡萄を育てるこの土地で、何が産まれてくるのか。自分が育てた葡萄で、表現します。

会社名	ペイザナ農事組合法人
住所	山梨県甲州市勝沼町中原5288-1
TEL	非公開
代表者	松岡数人（栽培醸造責任者）

ペイザナ農事組合法人ドメーヌ・オヤマダの設立趣旨である「栽培者が醸造まで一貫しておこなう〝ドメーヌ・スタイル〟による、高品質なデイリーワインの研究」「ワイン造りを通して日本の農業への継続的な貢献」などの考えに賛同し、二〇一五（平成二七）年に山梨に移住し、本ワイナリーをスタートさせた。

草生栽培・無施肥・有機合成化学農薬・殺虫剤の不使用で、自分に対して負荷のかからないやり方を取り入れる。さらにテロワールの可能性があるなら、それをできるだけ忠実に表現している。松岡の飾り気のない風貌とぶどう栽培に対する真摯な取組みはワインに反映されている。

仲のいい二人

ドメーヌ・ポンコツ

ジャロピー
品種：甲州種／デラウエア種／シュナンブラン種
醸造方法：樽発酵・ステンレスタンク発酵 ブレンド
スタイル：白　辛口

おやすみなさい
品種：巨峰種／藤稔種／ピオーネ種／甲州種／プティ・マンサン種／メルロー種
醸造方法：ステンレスタンク発酵・熟成・瓶内熟成
スタイル：白 スパークリング 辛口

まどぎわ
品種：甲州種／デラウエア種
醸造方法：デラウエア樽発酵・ステンレスタンク発酵 ブレンド
スタイル：白　辛口

樽を回してワインの熟成を促す作業

NITTA's Comment

黙々とぶどうへ向き合う姿と、道具や醸造設備への手入れと思い入れは並々ならない、ドメーヌ・ポンコツ松岡氏。“ワイン造りは道具の整備から始まる”、何も飾らないスタイルで、基本に忠実に仕事をこなしてゆく姿に共感を覚えます。ワインにもそのひたむきな姿が映り、何もポンコツでないことを表現しています。

まるき葡萄酒

新たな挑戦により、次世代へ繋げる 現存する日本最古のワイナリー

10年後に向けて挑戦したいこと

老舗の看板を130年引き継いできた思いは、今も10年後も変わらないでしょう。ただその時代のニーズに合った商品作りは必要であると考えつつも、筋の通った強いこだわりを、真面目にワインを通して表現していきたいと思っております。10年後には明野圃場で収穫される多種の専用品種が商品化されていると思うので、それも楽しみです。

鈴木圭一社長

会社名	まるき葡萄酒
住所	山梨県甲州市勝沼町等々力173
TEL	0553-44-1005
代表者	清川浩志（代表取締役）

羊は雑草を食べてくれる大事な一員

賜宮内省御買上之光栄
マルキ葡萄酒
發賣元 甲州 土屋合名會社
特約店 十一屋商店

一八九一（明治二四）年に設立された、現存する日本最古のワイナリー。「味」「香り」「色」、素材の持つポテンシャルを最大限に引き出すことを心がけ、本質的な豊かさを追い求めた「日本食に合うワイン」を目指している。

自社圃場でのぶどう栽培においては、必要最低限の農薬で栽培しており、畑を耕さず雑草を増やすことで、多様な虫が集まり、互いに捕食しあうことでぶどうへの食害を減らして殺虫剤の使用を抑える「不耕起草生栽培」をおこなっている。それにより雑草とぶどうの根が競合してぶどうの樹の生命力が高まり、持続可能な生育環境を目指している。また、羊の飼育を並行しておこない、雑草を羊が食べ、糞が土へと還ることで、除草の労力軽減になっている。まるき葡萄酒の一つのシンボルともいえるこの羊の飼育も、ぶどう作りに大きく貢献している。このように除草剤を使わないことでの景観の維持及び土の団粒化促進に取り組み、極力自然の力を利用したサステナブルなワイン造りを目指している。

自社圃場のぶどうだけで造られた「レゾン甲州」「レゾンルージュ」は、狭い範囲の栽培地であるため、そのテロワールが十分に表現された一品である。羊も加わったスタッフの、思いの詰まったワインである。

ワイナリー外観

ワイナリーの正面入口

樽貯蔵庫

下岩崎ヴィンヤード

NITTA's Comment

全国へ栽培地を広げている代表の清川浩志氏は、企業としてサステナビリティに配慮し、日本の各地域の特徴を活かしたワイン造りを目指しています。「伝統とは革新の連続」私の好きな言葉ですが、まさにこの言葉がぴったりとくる、有言実行の取り組みです。明治期から勝沼を背負い、そのトップを走り続けたワイナリーが日本全国へ栽培地を広げ、可能性を広げているグローバル企業へと変わり始めています。

まるき葡萄酒

レゾン甲州
品種:甲州種
醸造方法:ステンレスタンク発酵
スタイル:白 辛口

ラフィーユ 樽
品種:甲斐ノワール種
醸造方法:樽熟成
スタイル:赤　ミディアムボディ

ラフィーユトレゾワ 樽南野呂ベーリーA
品種:マスカット・ベーリーA種
醸造方法:樽熟成
スタイル:赤 ミディアムボディ

レゾンルージュ
品種:マスカット・ベーリーA種／メルロー種
醸造方法:樽熟成
スタイル:赤 フルボディ

マルサン葡萄酒

ミュージシャンとしての感性を、歴史ある勝沼の中心地をステージに変え、ワイン造りを奏でる

10年後に向けて挑戦したいこと

家族だけで経営しているので、流行に左右されずに基本を大切にしたワイン造りを続けていきたいです。アンテナは常に張り続け、その時の大きな流れをキャッチした上で、我が家として最善の動きをしていきたいです。とにかく“仕事を楽しむこと”を忘れなければ、自然と業務は継承されていくと思っています。

若尾亮

会社名	有限会社マルサン葡萄酒
住所	山梨県甲州市勝沼町勝沼3111-1
TEL	0553-44-0160
代表者	若尾亮（栽培醸造責任者）

若尾輝彦、邦夫妻

地域の共同醸造所として一九四五（昭和二〇）年にスタートし、二〇〇九（平成二一）年、先代輝彦より醸造を任された現在の代表 若尾亮は、地元農家との繋がりを大切にしながら、奇をてらうことなく、「基本に忠実に」をモットーにしたワイン造りをおこなっている。

先代のころから、近隣農家の自家消費用ワインの生産が半分を占める。「勝沼で一四〇〇年もの歴史があり、日本の食卓でも料理を選ばず、毎日飲んでも飽きがこない甲州種。香りの穏やかさや果皮の渋み、完熟させた時の酸味の柔らかさ、これをそのままワインで表現したい」と、先代の輝彦氏から造られている「甲州 百」はマルサン葡萄酒を代表するワイン。あえて遅い時期に収穫することで、柔らかな酸味と強めの搾汁で得られるぶどうの果皮成分由来の渋みやボリュームが特徴的である。

そして「甲州 百」の次を担うのが「醸し甲州」で、果皮の成分をさらに引き出すため、強めの圧搾ではなく赤ワインを仕込むように果皮ごと醗酵させて造られている。「甲州 百」のようなスタンダードなタイプがいつの時代も残るべきで、「醸し甲州」では甲州種の多面性を表現できれば、そんな想いで、〝伝統〟と〝革新〟のワイン造りを続けている。

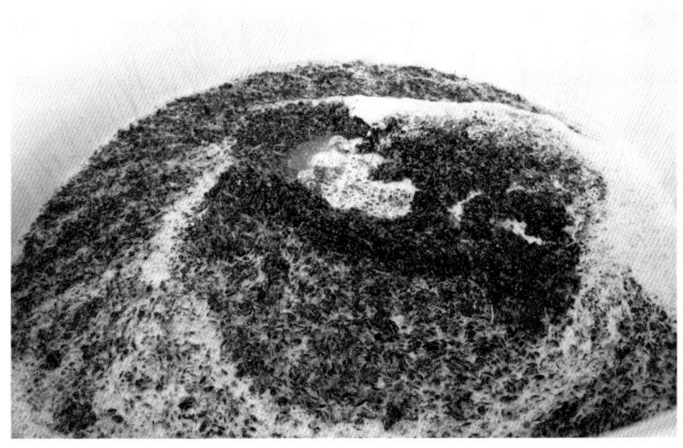
タンクの中の発酵中の黒ブドウ

伝統的棚栽培の甲州種

発酵の確認をおこなう

NITTA's Comment

東京で音楽活動をおこなっていた20代。多くのミュージシャンとのセッションやライブ活動により養われた感性は、ぶどうの栽培と醸造に繋がっています。中学時代からお付き合いしていた祥さんのご実家を引き継ぎ、勝沼の中心に舞台を移して、今はワイン造りというライブをおこなっています。何が人々の魂を動かすのか。胸の内から湧き出でるワイン造りは原点回帰。先代の教えを継承し、奥様とともに新しい時代へ繋いでいこうとしています。「甲州 百」は誰にも真似ができないマルサン葡萄酒だけの世界観を持っているのでしょう。

マルサン葡萄酒

マルサン 甲州 百

品種:甲州種
醸造方法:ステンレスタンク発酵
スタイル:白 辛口

マルサン 醸し甲州

品種:甲州種
醸造方法:醸し発酵
スタイル:白 辛口

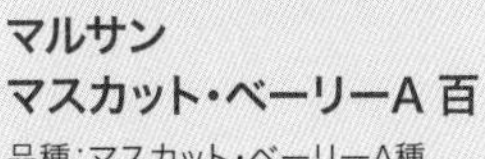

マルサン
マスカット・ベーリーA 百

品種:マスカット・ベーリーA種
醸造方法:ステンレスタンク発酵
スタイル:赤 ライトボディ

マルサン メルロー&プティ・ベルドー

品種:メルロー種/プティ・ベルドー種
醸造方法:ステンレスタンク発酵
スタイル:赤 ミディアムボディ

長期にわたるデータの蓄積と試行錯誤で
名ワインを生む山梨ワインの代表ワイナリー

丸藤葡萄酒

大村夫妻

10年後に向けて挑戦したいこと

製造部で働く長男である大村澄也、将来ワインに携わりたいという次男の啓二という二人の後継ぎに、将来ぶどう栽培を掘り下げ、適地適作を心がけて自分たちの納得いくワインを造れるよう、最大限の努力を払ってほしいと期待しています。また、美しいワインを造り続けることが街づくりに繋がると信じて向かってもらいたいです。丸藤は勝沼にて2021（令和3）年で130周年を迎えました。長きにわたってワイン造りを営んできたこの伝統を息子たちにも守ってもらい、お客様から喜んで頂けるよう、絶えず革新的なことにチャレンジしてほしいです。

会社名	丸藤葡萄酒工業株式会社
住所	山梨県甲州市勝沼町藤井780
TEL	0553-44-0043
代表者	大村春夫（代表取締役）

売店兼テイスティングスペース

大村忠兵衛が一八七七（明治一〇）年に大日本山梨葡萄酒会社（現メルシャン）に出資し、一八九〇（明治二三）年に長男治作が創業、ぶどう酒の製造を始め、現在の春夫が四代目となり、二〇二〇（令和二）年に創業百三十年を迎えた、勝沼を代表する老舗ワイナリー。

甘口ワイン全盛時代から、甲州種を使用した辛口ワインを手掛け、一九八八（昭和六三）年に「ルバイヤート甲州シュール・リー」を発売。また中堅ワイナリーとしてはいち早く〝垣根栽培〟に挑戦し、カベルネ・ソーヴィニヨン種、シャルドネ種、メルロー種、プティ・ヴェルド種などの欧州系の品種を栽培している。

現在でも、伝統品種である甲州種では辛口のワイン造りが中心だが、シュール・リー製法にて、辛口で味わいのある、日本食に合わせても楽しめるワイン造りを心がけている。

欧州系品種は、自家農園で栽培されているぶどうから製造されているシャルドネ種やソーヴィニヨン・ブラン種、カベルネ・ソーヴィニヨン種、メルロー種、プティ・ヴェルド種など、長期熟成して味わいが出るようなワイン造りをおこなっている。甲州種やマスカット・ベーリーA種に関しても契約栽培者との長い間の信頼と協力関係が続いている中で、「ルバイヤート甲州シュール・リー」「ルバイヤートマスカット・ベーリーA樽貯蔵バレルセレクト」などワイナリーを支えるワインを産出している。

また、代表の大村氏は、自社のワイン造りだけでなく、同じ志を持った仲間づくりを早い時代から作り上げ、勉強会などを通して自分の持っている情報や技術を惜しげもなく開示し、山梨のワイン産業の基礎づくりを地道に続けている。

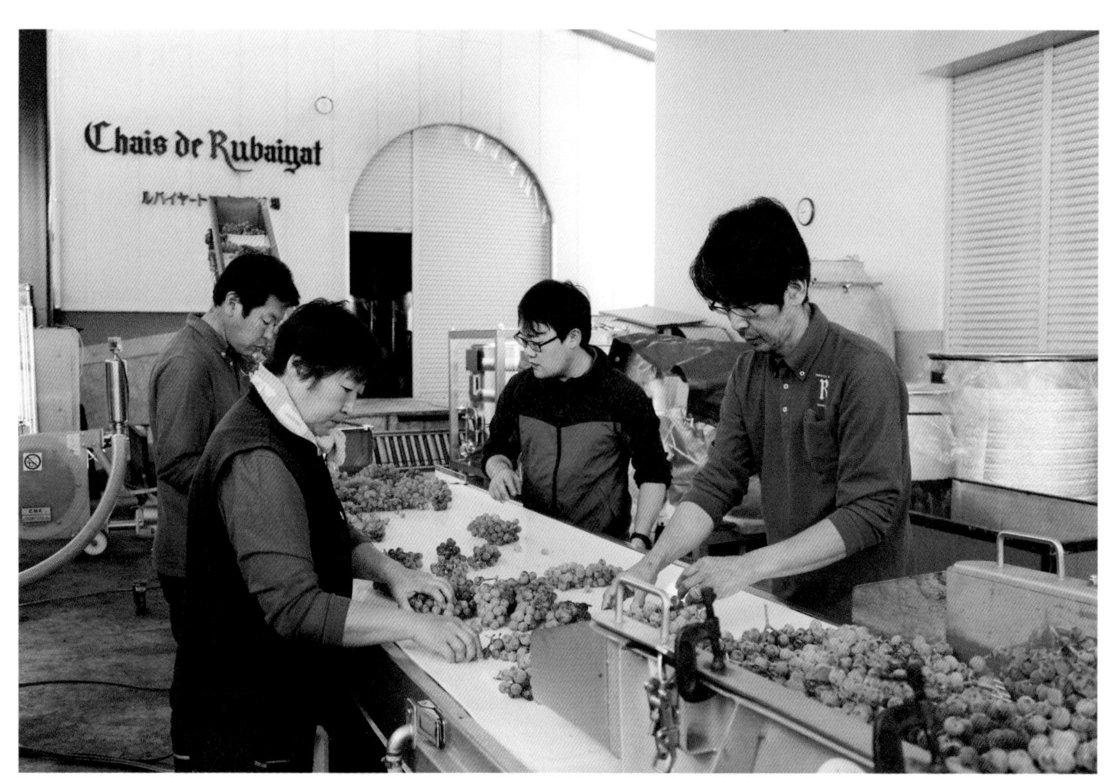

選果台でぶどうを選別している様子

眺めがよい
売店二階の回廊風廊下

NITTA's Comment

大村春夫氏は、1970年代から80年代の日本のワイン産業の黎明期を駆け抜けた偉大な存在であるシャトーメルシャンの浅井省吾氏を師と仰ぎ、今でも心の支えとしている。80年代から自社畑に植えた欧州系品種の歴史は、その後に誕生するワイナリーの指針となり、その情報力と経験値は今でもトップを走り続けている。まず上げなければならない品種はプティ・ヴェルドでしょう！多大な実績と成功を納め、その栽培方法と醸造技術の経験とデータを表すことが出来る唯一無二の存在です。次世代へ向けて二人の息子さんが、どのように開花するか、とても楽しみで目が離せません。

ワイナリー外観

ルバイヤート
ソーヴィニヨン・ブラン
品種:ソーヴィニヨン・ブラン種
醸造方法:ステンレスタンク発酵
スタイル:白 辛口

ルバイヤート シャルドネ
「旧屋敷収穫」
品種:シャルドネ種
醸造方法:樽発酵・樽熟成
スタイル:白 辛口

ルバイヤート
甲州シュールリー
品種:甲州種
醸造方法:シュール・リー製法
スタイル:白 辛口

ドメーヌ ルバイヤート
品種:プティ・ヴェルド種/カベルネ・ソーヴィニヨン種/タナ種
醸造方法:樽熟成
スタイル:赤 フルボディ

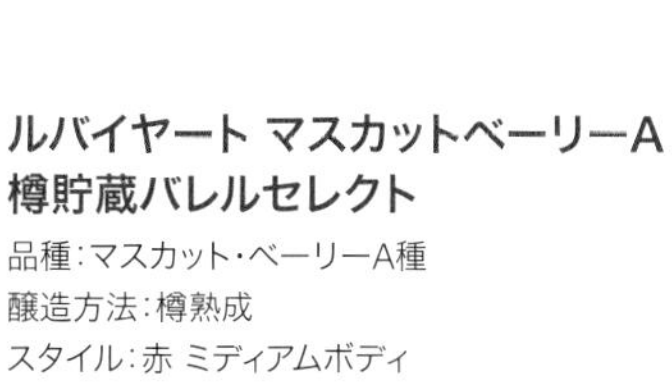

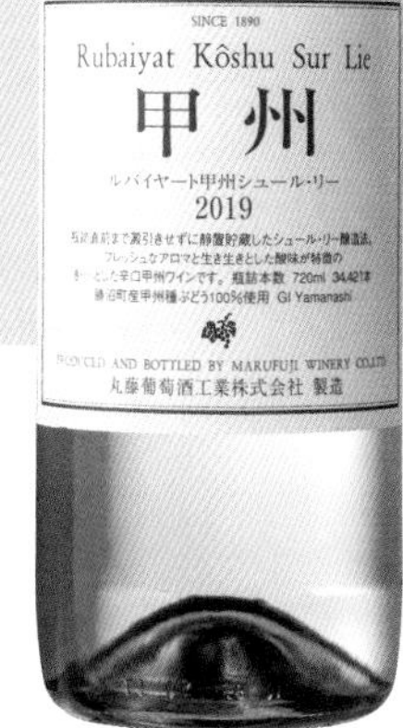

ルバイヤート マスカットベーリーA
樽貯蔵バレルセレクト
品種:マスカット・ベーリーA種
醸造方法:樽熟成
スタイル:赤 ミディアムボディ

マンズワイン

創業一九六二年、山梨のぶどうの個性と生産者との繋がりを最大限に活かし、世界に誇れるワインを造り続ける

宇佐美孝（醸造責任者）

10年後に向けて挑戦したいこと

飲み手にとって価値のあるワイン造りに力を注ぎながら、ワイナリーを訪問された方が当社のワインの美味しさを実感し、ワインのある豊かな生活を体験できるようなワイナリーを目指しています。今後はスタンダート品のさらなる品質向上を続けながら、ぶどう栽培とワイン醸造の効率化にもアプローチしたいです。日本でのワイン造りは海外と比較すると製造コストが割高で、コストパフォーマンスが低いことが問題です。ワインの品質を下げずに栽培や醸造における効率化を目指しながら、海外に負けない高いコストパフォーマンスのワイン造りを目指します。

会社名	マンズワイン株式会社
住所	山梨県甲州市勝沼町山400
TEL	0553-44-2258
代表者	島崎大（代表取締役社長）

甲州種収穫

マンズワインの歴史は、一九六二（昭和三七）年に勝沼洋酒株式会社の設立によって始まった。その後「ヴィンテージ甲州」をはじめとする多種多様なワインを造り、国内外で様々な賞を受賞し、名実ともに日本を代表するワイナリーの一つとなっている。

醸造学的に欠点が少ない、クリーンでフレッシュ&フルーティなワインを造るために、ワイン醸造の各工程で適切な管理をするように心がけている。そのためには適正量の亜硫酸を使用したり、必要に応じて補酸や乾燥酵母も使っている。〝サイエンス〟に基づいて、きちんとした醸造があって、はじめて〝アート〟の領域に踏み込んだワイン造りができる、と考えている。良いぶどうを栽培すること、そして、ぶどうのポテンシャルを下げずに瓶詰めまで持っていけるか、というのが製造に携わるメンバー全員の目標となっており、そのためにできることはすべてやる、というのが本ワイナリーのモットーである。タンクで十年以上熟成させた「古酒甲州」や甲州種とMBAを使って、国内では数少ないシャルマ方式で造られる「酵母の泡」シリーズ、マンズワインの品質主義が凝縮された「ソラリス」シリーズは、マンズワインの代表ワイン。

富士山を望む大久保地区のぶどう畑

勝沼ショップ内

醸造チーム

NITTA's Comment

地元の栽培者との交流を一番と考え、収穫祭等を毎年おこない、長きに渡り東雲地区の栽培者との信頼関係を築いてきました。「マンズレインカット栽培」*を考案し、雨の多い日本の地においての栽培方法の確立にも貢献してきました。今後は更に契約栽培者との絆を深め、地域や地区の特徴をしっかりと表現するための栽培と醸造を見極め「しふく」に代表される、甲州種の高品質化を目指していくでしょう。

秋の朝の勝沼ワイナリー

*マンズレインカット：マンズワイン考案の雨よけのビニールによりぶどうを守る栽培方法

マンズワイン

ソラリス 古酒 甲州

品種:甲州種
醸造:ステンレスタンク発酵熟成10年以上
スタイル:白 甘口

ソラリス 山梨
甲州 シュール・リー

品種:甲州種
醸造:シュール・リー製法
スタイル:白 辛口

ソラリス 山梨
ベーリーA 敷島大久保

品種:マスカット・ベーリーA種
醸造:樽熟成
スタイル:赤 ミディアムボディ

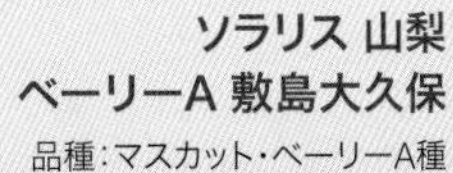
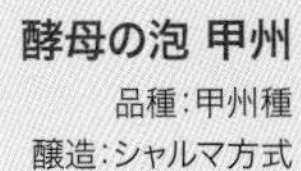

酵母の泡 甲州

品種:甲州種
醸造:シャルマ方式
スタイル:白 スパークリング やや辛口

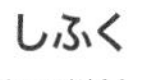

しふく

品種:甲州種
醸造:ステンレスタンク発酵
スタイル:白 やや辛口

地元の栽培者、ワイナリーとの共存共栄を大切にし、山梨のワイン産業の発展を願い業界をリードする

シャトー・メルシャン

「日本を世界の名醸地に」をスローガンに、山梨という産地を国内外にアピールしていきたい。

安藤光弘

会社名	メルシャン株式会社
住所	山梨県甲州市勝沼町下岩崎1425-1
TEL	0553-44-1011
代表者	安蔵光弘（ゼネラル・マネージャー）

勝沼町・城の平に広がる畑

日本を代表するワイナリーの一つであるシャトー・メルシャンは、大企業的な経営をおこなっているイメージが強いが、実は地元の農家や中小のワイナリーと共に勝沼のワイン産業の歴史を歩んできた。大日本山梨葡萄酒会社の流れを汲み、日本のワインの発展に大きく貢献したOBを多数輩出し、「現代日本ワインの父」と呼ばれる浅井昭吾の「すべてのワイナリーの技術と考え方の底上げが、産地を作り上げる」という哲学の元に、甲州ワインを牽引する存在としてその名を世界に馳せている。また山梨と長野の主要な三つの産地にワイナリーを設立し、その土地ならではの適正品種と栽培方法を前面に打ち出している。山梨では伝統と歴史を繋ぐ「城の平地区」「鴨居寺地区」にて、次世代へ向かう品種の改植に力を入れている。代表的なワインには「鴨居寺シラー」があるが、このワインは山梨の夏の暑さを力に、世界へ発信するポテンシャルを持つ。甲州種の代表的なワインは、今までにない香りを持つ「玉諸甲州きいろ香」と、果実丸かじりのテクスチャーを持つ「笛吹甲州グリ・ド・グリ」で、これからの甲州種の指針となるワインである。

シャトー・メルシャンの歴史を感じさせる資料館（写真左）

1.2ha 広がる城の平のぶどう畑

ワインギャラリー外観

NITTA's Comment

シャトー・メルシャン ゼネラルマネージャーの安蔵光弘氏は奥様の安蔵正子女史（カーヴ・アン）とともに山梨を、いや日本を代表するヴィニュロンといっても良いでしょう。醸造家・栽培家仲間からの人望も厚く、仲間との勉強会では、世界のワインと山梨のワインの立ち位置を見据え、グローバルな目線で栽培と醸造に関して、いつも討論会となります。浅井昭吾氏の遺志を引き継ぎ、ボルドーのシャトー・レイソンで4年2ヶ月にわたって栽培・醸造の経験を重ねた安蔵氏の目線は、いつも山梨から世界へ向けて発信するワイン造りを目指しています。

シャトー・メルシャン

シャトー・メルシャン 城の平 オルトゥス

品種：メルロー種／カベルネ・ソーヴィニヨン種／カベルネ・フラン種
醸造方法：樽熟成
スタイル：赤 フルボディ

シャトー・メルシャン
笛吹甲州グリ・ド・グリ

品種：甲州種
醸造方法：ステンレスタンク発酵・樽熟成 ブレンド
スタイル：白 辛口

シャトー・メルシャン
鴨居寺シラー

品種：シラー種
醸造方法：樽熟成
スタイル：赤 フルボディ

シャトー・メルシャン
岩出甲州きいろ香
キュヴェ・ウエノ

品種：甲州種
醸造方法：ステンレスタンク発酵
スタイル：白 辛口

塩山洋酒

萩原弘基

10年後に向けて挑戦したいこと

“日本品種”の良さを知ってもらい、“日本品種”に特化したワイン造りで、“日本品種”にしか出せない味わいを追求していきます。また、今後、需要が高まるであろうスパークリングワインの生産も、本格的な瓶内二次発酵でおこなっていきます。

会社名	塩山洋酒醸造株式会社
住所	山梨県甲州市塩山千野693
TEL	0553-33-2228
代表者	萩原弘基（栽培醸造責任者）

「ワイン造りを通じて、地域社会に貢献できるようなワイナリーを目指したい」という理念で製造されるワインは、どれも山梨に対する想いがいっぱい詰まっている。欧州系の品種の栽培および醸造は一切おこなわず、自園農場と契約栽培農家で育った県内産のぶどう一〇〇%で造られている。

協同醸造組合的な母体から一九五九（昭和三四）年に法人化し、本格的にワインの生産を始めた塩山を代表するワイナリーの一つ。「重川沿いの個性のある自社畑を、ワインで表現してみたい」という想いの下に生まれたのが、本ワイナリーを代表する「重川 甲州」。重川沿いに広がる自社農園の甲州種を一〇〇%使い、単一仕込みで作られた凝縮感のあるスッキリとした酸味が特徴。また「SALZBERG Koshu」はステンレス発酵させた甲州種に七ヶ月間別の樽で熟成させた甲州種をバランス良くブレンドしたオススメの一本。

塩山洋酒

重川 甲州

品種:甲州種
醸造方法:ステンレスタンク発酵
スタイル:白 辛口

ベリーアリカント

品種:ベーリー・アリカント種
醸造方法:ステンレスタンク発酵
スタイル:赤 ミディアムボディ

SALZ BERG Koshu

品種:甲州種
醸造方法:ステンレスタンク発酵・樽熟成 ブレンド
スタイル:白 辛口

ワイナリー入り口にある看板

NITTA's Comment

大菩薩から流れ出る急流、重川流域の甲州種に個性を見出し、特に力を入れる若き醸造家。荻原弘基氏は、JAフルーツ山梨勝沼支所時代の栽培者との繋がりや個性的な人達とのコミュニケーションがワイン造りに反映されていると感じます。何が個性なのかを人と土地に感じ、10年後が楽しみな逸材です。

育つ前の甲州種

"蝶"をシンボルに掲げ、
みんなに愛される
ワインを丁寧に造り続ける

奥野田葡萄酒

10年後に向けて挑戦したいこと

日本の土壌と気候の特色を生かした私たちのぶどう栽培が、世界のワイン産地に比べて遜色なく大きな可能性として広がることを望んでいます。またワインの醸造技術もこれから先、まだまだ向上する余地を残しているのだと、自社農園や醸造場を訪れてくれるワイン愛好家たちに伝えていきたいです。次世代に向けた後継者育成を念頭に置き、ワインと食の融合を模索しながら、ワイン産地としての唯一無二な産地形成を広げるべく、努力していきたいです。

中村雅量（代表取締役社長）

会社名	奥野田葡萄酒醸造株式会社
住所	山梨県甲州市塩山牛奥2529-3
TEL	0553-33-9988
代表者	中村雅量（栽培醸造責任者）

中央葡萄酒、旧国税庁醸造試験所で醸造を学んだ代表の中村は、一九八九（平成元）年に奥野田地区にてワイナリーを始める。

地元の農家からぶどうを買い入れ、少しずつ自社畑を増やし、自身が作りたい品種を栽培する。二十年を超えるメルロー種やカベルネ・ソーヴィニヨン種、シャルドネ種の樹は山梨における栽培の指針となっている。我道をゆく中村氏の活動は、先進的な取り組みが多く、全国で起ち上がっているワイナリーの模範となる程である。現在ＩＴ起業との共同活動もおこなっており、幅広い可能性を秘めたワイナリーへと進化している。

小さいからこそできる丁寧なワイン造りをモットーに、自社農園で栽培されるぶどうの中でも糖度の高い良質なぶどうのみを使い、その素材のポテンシャルを最大限に活かした醸造を心がけている。

奥野田葡萄酒

ワイン・ヴィーナス
メルロ&カベルネ・ソーヴィニヨン
品種:メルロ種/カベルネソーヴィニヨン種
醸造方法:樽熟成
スタイル:赤 フルボディ

ラ・フロレット
スミレ・ルージュ
キュベエルヴァージュ
品種:メルロ種
醸造方法:樽熟成
スタイル:赤 ミディアムボディ

ヴィンテージ・ブリュット
ヌーベルバーグ
品種:甲州種
醸造方法:瓶内二次発酵
スタイル:白 スパークリング 辛口

2018
La Florette
Sumire rouge
Cuvée Elevage

ワイン・ヴィーナス
桜沢シャルドネ
品種:シャルドネ種
醸造方法:樽発酵・熟成
スタイル:白 辛口

自社畑 "HIYAKE VINEYARE"

熟成を待つ樽の数々

NITTA's Comment

中村氏の活動と取り組みは、時代を一歩も二歩も先を見ていると感じます。自社農園を起ち上げ、地元の農家との交流と栽培技術の統一を図る活動や、今では当たり前の"栽培クラブ"の早くからの起ち上げと取り組み、企業との共同研究等、計り知れません。33年経った今、まさに次の新しく誰も考えない取り組みへ羽ばたいていくでしょう。

改装を待つ旧ワイナリー

中村雅量夫妻

甲斐ワイナリー

江戸時代からの造り酒屋の伝統と技術に新しい風を入れながら、日本人にあったワイン造りを目指す

10年後に向けて挑戦したいこと

小さい蔵だからこそ、流行りに流されることなく、価格と品質のバランスを大切にし、これまでと同じスタイルでワインを造り続けていきたいと考えています。ここ15年で8倍の面積まで増やした自社畑も、最終的には全量自社畑ぶどうを使った醸造にしたいと考えており、管理できる範囲で少しずつ拡大していけたらと思っています。新しく栽培したい品種や、新しい醸造方法なども試したいことはありますが、決して焦ることなく、地に足をつけて歩んでいきたいと考えています。

風間聡一郎

会社名	甲斐ワイナリー株式会社
住所	山梨県甲州市塩山下於曽910
TEL	0553-32-2032
代表者	風間聡一郎（栽培醸造責任者）

「旭菊」という地元で愛される日本酒を造っていた蔵元が、一九八六（昭和六一）年に蔵屋敷をそのままに、ワイナリーを設立。国の登録有形文化財にも指定されている蔵屋敷で、創業以来の伝統と技術に新しい風を吹き込みながら、日本人の繊細な味覚と食文化に合う上質なワイン造りが特徴。

こだわり抜いたぶどう栽培と醸造をおこなっており、「よく観察する」「病気を出さない」「小粒にする」「完熟させる」「徹底した選果」を大切にしている。普段の食卓や飲食店でも気軽に注文できる、リーズナブルで、バランスの取れたワイン造りを目指す。小規模だからこその最小限の栽培と醸造で、〝クリーンでほっとするような〟白ワイン、〝なめらかで優しい味わい〟の赤ワインにこだわる。なかでも、バルベーラ種にはとても強いこだわりがあり、毎年試行錯誤を繰り返しながら栽培をおこなっている。

甲斐ワイナリー

キュベかざまバルベーラ
品種：バルベーラ種
醸造方法：樽熟成
スタイル：赤 ミディアム

かざま甲州辛口
品種：甲州種
醸造方法：ステンレスタンク発酵
スタイル：白 辛口

かざまメルロー
品種：メルロー種
醸造方法：樽熟成
スタイル：赤 ミディアム

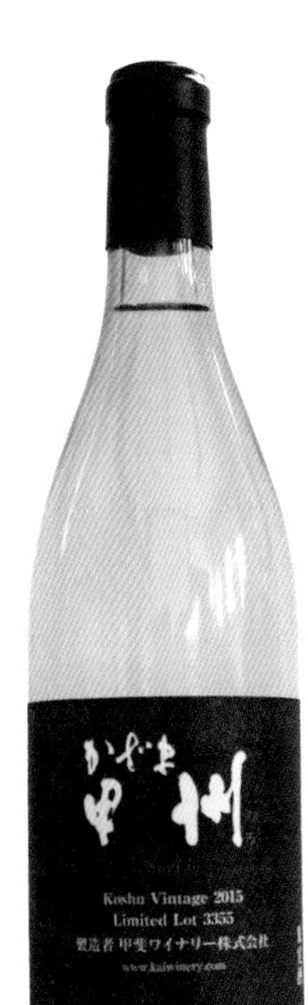

かざま甲州SurLie
品種：甲州種
醸造方法：シュール・リー製法
スタイル：白 辛口

手入れの行き届いた自社畑

ワイナリー併設のワインカフェ古壺

NITTA's Comment

有形文化財のワイナリーは元造り酒屋が発祥。風間聡一郎氏の風貌からも象徴されるように、歴史と文化を感じさせる品の良さを感じる甲州種のワイン。風間氏を慕い、畑仕事を手伝うワインファンの多さからも、造り酒屋からの伝統を継承するワイナリーと感じます。

機山洋酒工業

何も特別なことはしない、調和の取れた高品質なワイン

土屋幸三

10年後に向けて挑戦したいこと

自然環境や社会の在りようが大きく変化する時代。しかしワインの役割は変わることはないと思います。これからもこの地に根ざし、人とひとの繋がりや豊かな日常に彩りを添えるワインを造り続けたいと思っています。

会社名	機山洋酒工業株式会社
住所	山梨県甲州市塩山三日市場3313
TEL	0553-33-3024
代表者	土屋幸三（代表取締役）

徐梗後の黒ぶどう

甲府盆地の北東に位置する甲州市塩山にある機山ワインは、自家ぶどう園のぶどうを主体に東山梨地区で栽培されたぶどうだけを使った、まさに山梨のワイン。家族だけで造る小さなワイナリーだが、地域に根ざしたワイン造りをおこなっている。

果実味の豊かな機山ワインの味は、笛吹川がもたらした水はけの良い砂質土壌から生み出される。土屋のワイン造りの特徴は、「何も特別なことはしないこと」やらなければいけないことを、適切な時期を外さずにしっかりとやり続ける。「これをやったから良いワインになる、ということはありません。栽培から果汁処理、発酵、澱下げ、瓶詰め、充填と、やるべき大切なポイントは数多くあり、それぞれのポイントで注意深く観察して判断を下すだけです」そう語る土屋の造るワインは、調和の取れた高品質なワインで、丁寧に育てられた良質なぶどうの性質を最大限にワインで表現するため、あらゆる工程に細やかな注意が払われている。特に力を入れているぶどうの品種は、甲州種とブラック・クイーン種、そして自社畑のメルロー種、シャルドネ種。

栽培醸造を二人でおこなう
土屋幸三、由香里夫妻

ワイナリー裏手にある自社畑

ブラック・クイーン種

甲州種

NITTA's Comment

土屋ご夫妻が造るワインを始めて飲んだ時、世界が造るワインとは全く違うスタイルに強い衝撃を受けました。甲州種のワインは、優しくふくよかな柑橘香の中に、凛としたミネラルと透き通る爽やかな酸味、品格を感じる余韻、まさに日本の食とのマリアージュを連想させてくれました。また、スパークリングワインは、甲州種の特徴をはっきりと打ち出す瓶内二次発酵で、香ばしいパンの香りとフレッシュハーブの爽快な柑橘香で、業界を驚かせました。お二人の、ワイナリーを営む上でのコンセプトは、お料理の最初から最後までをキザンワインで完結すること。スパークリングから白、赤、マール、ブランデーまでをリリースしています。

キザンワイン

キザンスパークリング
トラディショナルブリュット
品種：甲州種
醸造方法：瓶内二次発酵
スタイル：白 スパークリング 辛口

キザンワイン 赤
品種：ブラック・クイーン種
醸造方法：ステンレスタンク発酵
スタイル：赤 ミディアムボディ

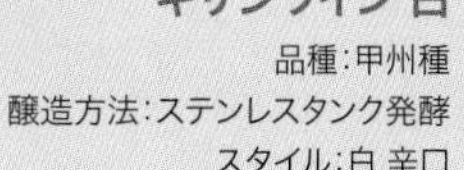

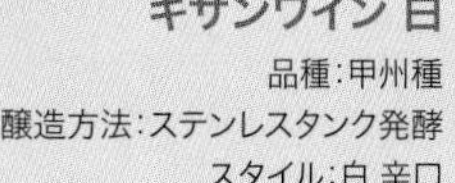

キザンワイン 白
品種：甲州種
醸造方法：ステンレスタンク発酵
スタイル：白 辛口

キザンセレクション
シャルドネ
品種：シャルドネ種
醸造方法：樽発酵・樽熟成
スタイル：白 辛口

キザンセレクションメルロ／プティ・ヴェルド
品種：メルロ種／プチ・ヴェルド種
醸造方法：樽熟成
スタイル：赤 ミディアムボディ

なんでもつくる創作者集団
カリスマ栽培家と醸造家の織り成す、
世界を見据えた品種への挑戦

Kisvin
Vineyard&Winery

斎藤まゆ（醸造責任者）

10年後に向けて挑戦したいこと

現在、実験を重ねているヴィオニエ種などの品種を、質および量ともに充実させることが目標です。また、産地を取り巻く次世代の人材を育て、畑や醸造所への投資を惜しまず、地域の農業や経済に貢献して、常に進化をし続けるワイナリーを目指しています。

会社名	株式会社Kisvin
住所	山梨県甲州市塩山千野474
TEL	0553-32-0003
代表者	荻原康弘（取締役社長）

畑へ出向く、醸造家・斎藤氏

創業当初から新進気鋭と話題を集めていたワイナリー。名前の「Kisvin」とは「ぶどうにキスを」という意味の造語で、その名が表すように、ワイン造りへの愛と情熱を惜しみなく捧げ続けている注目のワイナリーである。

醸造家である斎藤まゆは、カリフォルニア州立大学ワイン醸造学科を卒業、その知識と経験を活かして独自技術で醸造用ぶどうの品質向上を図っている。甲州市塩山のぶどう農家の三代目で、異色の経歴の持ち主である栽培家・荻原康弘とともに、土壌分析装置を使い、土を細かく分析して土壌や堆肥の管理や圃場管理（土の耕起をおこなわない草生栽培）をするなど、慣習にとらわれず科学的な検証を重ねて、よりよい品質のワイン造りを目指している。

高品質のぶどうができれば醸造はシンプルだという哲学の下、日常的に畑へ出向き、スタッフと密な連携を取りながら栽培管理に携わっている。オリジナルで高品質なワイン造りを目指しているが、中でも力を入れているワインはピノ・ノワール種の「Kisvin Pinot Noir」である。

選果された美しいぶどう

樽から直接の試飲

撹拌作業

栽培家・荻原康弘

NITTA's Comment

強烈な個性とカリスマ性を持つ栽培家・荻原康弘氏と、気力・迫力・体力で唯一対抗できる醸造家・斎藤まゆ女史のガチンコ対決ワイナリー。釣りやモトクロス等をこなす器用さを持つ荻原氏と子育てにも奮闘する斎藤女史の私生活からの幅の広さがワインにも表れています。カリフォルニアで出会った2人が目指す千野地区産ピノ・ノワールは、世界からも認められる期待のワインです。

手作りのワイナリー看板

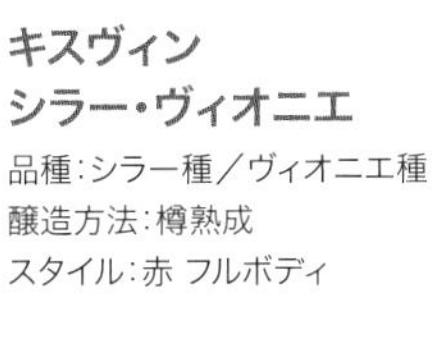

**キスヴィン
シラー・ヴィオニエ**

品種:シラー種/ヴィオニエ種
醸造方法:樽熟成
スタイル:赤 フルボディ

**キスヴィン シャルドネ
レゼルヴ**

品種:シャルドネ種
醸造方法:樽発酵・樽熟成
スタイル:白 辛口

**キスヴィン
ピノ・ノワール**

品種:ピノ・ノワール種
醸造方法:樽熟成
スタイル:赤 フルボディ

キスヴィン 甲州

品種:甲州種
醸造方法:ステンレスタンク発酵
スタイル:白 辛口

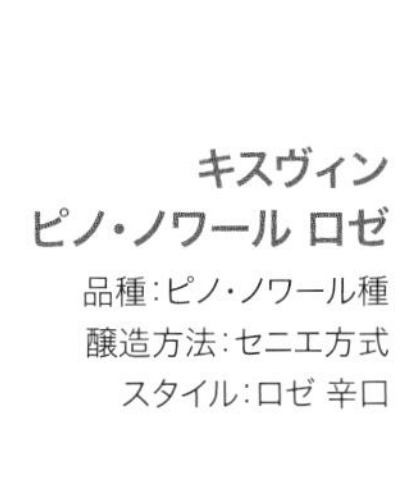

**キスヴィン
ピノ・ノワール ロゼ**

品種:ピノ・ノワール種
醸造方法:セニエ方式
スタイル:ロゼ 辛口

不完全な98が100にも200にもなれるという想いを名前に込めた、ワインの保つ力を大切にするワイナリー

98WINEs

10年後に向けて挑戦したいこと

甲州のぶどうに最適な畑の細分化と、その地域に合った醸造手法の確立をおこない、ワイン造りに適した場所として、世界から認知を目指したいです。

平山繁之

会社名	98WINEs合同会社
住所	山梨県甲州市塩山福生里250-1
TEL	0553-32-8098
代表者	平山繁之（栽培醸造責任者）

樽いっぱいのマスカット・ベーリーＡ種

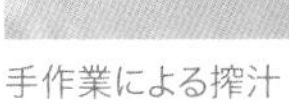

手作業による搾汁

代表である平山繋之は、三十五年の間、日本ワインの本流でキャリアを積み上げてきた。その間あたため続けてきたワイン造りを実践すべく、二〇一七（平成二七）年、福生里（ふくおり）にワイナリーを起ち上げた。最適品種として選んだぶどうは日本固有のローカル品種である甲州種とＭＢＡだった。初年度の仕込みから既成概念の中では想像のつかない醸造方法から造られたワインは大きな衝撃として話題となったが、その醸造の進化は毎年続いている。

細部にまで拘った醸造場は、グラヴィティ醸造を可能にし、ワインへのストレスを最小限にするばかりか、デザイン性においても美しさを追求している。「木の棟」「石の棟」「鉄の棟」と名付けられた三つの棟からなるワイナリーは、ランドスケープも含め未来のワイナリーの形を提案している。

若い醸造家が注目を集める中、長い経験が生む新しいクリーンナチュラルな醸造も次世代の醸造家へのメッセージのようにも見える。

足踏み破砕の様子

渡辺陽平氏（栽培醸造担当）と平山繁之代表

NITTA's Comment

平山氏は将来の日本のワイン産業を広く見据えています。全国から集まってくる、醸造・栽培に興味を持つ人たちのためにワインアカデミーを主催し、地元の若手醸造家、栽培家のアドバイス役も務めています。耕作放棄地の多い甲州市玉宮地区の将来像や日本のワイナリーや農業の将来像を、新しい感覚で発信していこうとする異色の醸造家です。甲州種とMBAの可能性を栽培から模索し、新しい発想でワインを表現しています。

98WINEs

穀 KOKU RED
品種：マスカット・ベーリーA種
醸造方法：樽熟成
スタイル：赤 フルボディ

穀 KOKU WHITE
品種：甲州種
醸造方法：シュール・リー製法・一部樽発酵・貯蔵
スタイル：白 辛口

霜 SOU ROSE
品種：甲州種／マスカット・ベーリーA種
醸造方法：ステンレスタンク発酵
スタイル：ロゼ 辛口

芒 NOGI RED
品種：マスカット・ベーリーA種
醸造方法：樽熟成
スタイル：赤 ミディアムボディ

芒 NOGI WHITE
品種：甲州種
醸造方法：醸し発酵
スタイル：白 辛口

駒園ヴィンヤード

自然に寄り添い、日本の気候風土（テロワール）の個性を世界に発信し続けるワイナリー

近藤修通（栽培醸造責任者）

10年後に向けて挑戦したいこと

日本のテロワールを世界に発信するために、科学的な知識と検証も大切にしながら、経験を活かした「自然と共生したぶどう栽培」「ぶどうの樹の生命力を高める栽培」をモットーに、高品質なぶどう栽培を続けていきます。作り上げるのではなく、育てるという気持ちを大切にし、それはぶどうだけでなく、後継者の育成でも同様と考えています。諸外国の模倣ではなく、山梨の個性を発揮させ、後世に伝えることを目指しています。そのために敢えて比較対象の多い欧州品種の改植を進めており、日本ワインらしさ、山梨ワインらしさを表現するために国際品種への挑戦を続けていきます。

会社名	駒園ヴィンヤード株式会社
住所	山梨県甲州市塩山藤木1937
TEL	0553-33-3058
代表者	近藤修通（取締役社長）

駒園ヴィンヤードの母体となった五味果汁工業株式会社は、一九五二（昭和二七）年に塩山藤木に設立された醸造所である。駒園の名は創業前から山梨産のぶどうを栽培する自社園の名前であり、創業理念である「自然に寄り添うワイン造り」を継承し、全銘柄に山梨県産ぶどうを一〇〇％使ったワイン造りを続けている。ビオロジック（有機農法）を取り入れ、雑草早生により土壌の環境を最良の状態に保持し、圃場ごとの自然環境に適応したバランスのよいぶどうの樹を育て、その生命力を高めることで凝縮感の高いぶどう栽培を目指している。また、ニュートラルな酵母を統一して使用することで、ぶどうの個性を活かしたワイン造りをおこなっている。自社最古の駒園圃場の甲州種からできる白ワイン「駒園甲州」と、現在改植を進めているシラー種とピノ・ノワール種を中心品種とした赤ワインは思い入れの強い代表ワインである。

駒園ヴィンヤード

Tao 駒園甲州
品種：甲州種
醸造方法：ステンレス発酵
スタイル：白 辛口

Tao シラー
品種：シラー種
醸造方法：樽熟成
スタイル：赤 フルボディ

Tao ピノ・ノワール
品種：ピノ・ノワール種
醸造方法：樽熟成
スタイル：赤 フルボディ

近藤氏を取り巻く醸造スタッフ

NITTA's Comment

甲州市の自社畑の駒園圃場を中心に川窪圃場、竹森圃場、南アルプス市西野圃場など、山梨のテロワールの個性を追求し始めた駒園ヴィンヤード。結果を出し始めたシラー種やピノ・ノワール種に引き続き、サン・ジョベーゼ種やピノ・グリージョ種、ソービニヨン・ブラン種等のリリースも楽しみです。

ワイン造りはその畑にあり！個性豊かな旨味を生かすオンリーワンのワイン造り

Cantina Hiro

広瀬親子

10年後に向けて挑戦したいこと

基本がブレず、全力を尽くして一流であることを10年後も実践していたい。そして100年後も存続し、成長し続けるワイナリーでありたいです。

会社名	株式会社Cantina Hiro
住所	山梨県山梨市牧丘町倉科7143
TEL	0553-35-5555
代表者	広瀬武彦（代表取締役） 広瀬泰輝（醸造責任者）

「カンティーナ」とはイタリア語で〝自社畑のブドウでワイン造りをする小さなワイナリー〟のことで、その名の通り、小さなワイナリーだが、四季の変化に感性を研ぎ澄ませながら丁寧なぶどう栽培、ワイン造りをおこなっている。「初心にブレることなく一流であれ」をモットーに、一〇年後でも果実感溢れるフレッシュで熟成したワイン醸造を目指している。「ワインはその畑を表現したものでなければならない」という精神を大切にし、不耕起・草生栽培、減農薬栽培を実践することで、土中の微生物を増やし、フカフカな土を作ることにこだわっている。昼夜の寒暖差が大きく、南向きの斜面で日当たり良好な牧丘のテロワール。清潔感溢れる醸造所で、無補糖・無補酸、徹底した温度管理のもと、「ワインの中にテロワールが思い浮かぶような」クリアで、ぶどうの前駆体を最大限に活かした果実味溢れるオンリーワンのワイン造りを目指している。

Cantina Hiro

Felicissimo Koshu
品種：甲州種
醸造方法：ステンレスタンク発酵
スタイル：白 辛口

H／ACCA Nebbiolo
品種：ネッビオーロ種
醸造方法：ステンレスタンク発酵・樽熟成
スタイル：赤 ライトボディ

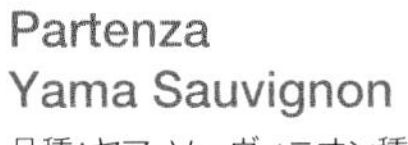

Partenza Yama Sauvignon
品種：ヤマ・ソーヴィニオン種
醸造方法：ステンレスタンク発酵・樽熟成
スタイル：赤 フルボディ

H／ACCA Trebbiano
品種：トレッビアーノ種
醸造方法：ステンレスタンク発酵・樽熟成
スタイル：白 辛口

タンク内確認

NITTA's Comment

特化した異色の経歴を持つ代表の広瀬武彦氏は、息子さんの泰輝氏とともに、牧丘の地勢を活かしたぶどう栽培とワイン造りに妥協は許さない厳しい親子関係を感じます。お互いに切磋琢磨した親子関係の見据える先は、牧丘の地における誰にも真似のできないワインを目指しています。

三養醸造

猫の自由な発想としなやかさ、面白さにインスパイア！美味しいワインを飲んで楽しく生きよう！

10年後に向けて挑戦したいこと

シャルドネ種のスパークリングワインなど、高品質なワインを造りたいです。

山田啓二

会社名	三養醸造株式会社
住所	山梨県山梨市牧丘町窪平237-2
TEL	0553-35-2108
代表者	山田啓二（栽培醸造責任者）

中国・宋の時代の詩人・蘇東坡が唱えた「三養訓」が社名のルーツで、「美味しいワインを飲んで楽しく生きよう」という思いが込められている。

一九三三（昭和八）年に山梨市牧丘町にて創業以来、自社畑を中心に、山梨のぶどうを使って〝本当の日本のワイン〟を造り続けている。先代の山田稔が一九八〇（昭和五五）年より除草剤の使用を中止し、ボルドー液を使用しないなど、ぶどう栽培にもこだわりを見せる。南東南に傾斜した牧丘町の畑は日当たりがよく、そんな自社畑を引き継ぎ、常に海外ワインのコスパを意識し、個性豊かな世界に通じるワイン造りを目指している。猫のラベルが特徴的な「シャルドネコ／クレア」など三養醸造には数種類猫のラベルが貼られたワインがあるが、猫の自由な発想としなやかさ、面白さにインスパイアされ、それがワイン造りに反映されている。

三養醸造

猫甲州

品種:甲州種
醸造方法:シュール・リー製法・樽熟成ブレンド
スタイル:白 辛口

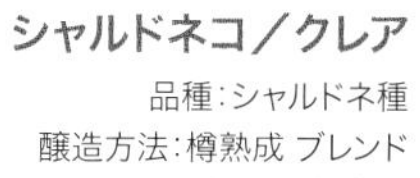

シャルドネコ/クレア

品種:シャルドネ種
醸造方法:樽熟成 ブレンド
スタイル:白 辛口

猫ルージュ

品種:メルロー種/ピノ・ノワール種
醸造方法:樽熟成
スタイル:赤 ミディアムボディ

牧丘にある自社畑で栽培されている甲州種

山田啓二夫妻

猫のラベルが特徴的

NITTA's Comment

山田氏の人柄と個性が、ワインに反映されていると感じます。一見風変わりな個性派ですが、造られるワインは期待を裏切らない王道な造りです。特にシャルドネは牧丘の風土と山田氏の人柄を感じる優しくふくよかな酸味と舌触りです。

鈴木剛、順子夫妻

山梨の独立型ワイナリーの原点

旭洋酒

会社名	旭洋酒有限会社
住所	山梨県山梨市小原東857-1
TEL	0553-22-2236
代表者	鈴木剛（醸造家）／鈴木順子（栽培家）

10年後に向けて挑戦したいこと

温暖化の影響で昼夜の温度差が少なくなり、豪雨や長雨が増え、ぶどう栽培への影響は、この先さらに深刻になるでしょう。ぶどうの熟度に関して、着色や糖酸比などのこれまでの指標にこだわるのではなく、この温暖化を一つの時代の自然と捉え、柔軟に対応していく必要を感じています。従来の価値観にとらわれないさらなる発想とセンスが必要になってくると思います。20年前、旧旭洋酒の一升瓶ワインは農家の組合や地域内でほぼ消費されていましたが、その下の世代はそのような日常的にぶどう酒を飲む文化は引き継がれていません。世界的に飲酒人口が減る中で、当然の流れですが、今日のコロナ禍をきっかけに、地元で変容を遂げてきた山梨の農文化を若い世代にもぜひ知ってほしい。そして10年後、あわよくば20年前の自分たちのような若者に、ここで得た良いものを手渡すことができたら、この上ない幸せです。

富士を望む八幡地区の自社畑

戦前から、近隣の農家でぶどうを持ち寄って自家用ワインにする共同経営の運営を継続していた組織を、二〇〇二（平成一四）年に若きワインの造り手で、中央葡萄酒でワイン造りに携わっていた鈴木剛と鈴木順子が引き継いだのがこの旭洋酒である。

地品種である甲州種とＭＢＡは地元の契約農家で、反収が少なく栽培も難しい欧州種は自社畑にてそれぞれ栽培している。自社畑ではレインカット施設に改良を加えた変形平垣根と、房の管理がしやすい一文字短梢棚式を採用して減農薬栽培に取り組んでいる。

品種や年の違いが感じられるよう、クリーンで安定した品質を目指した醸造をおこなっている。畑ごとの特徴や商品としてのバリエーションを念頭に置いた小仕込みが基本で、最先端の設備が無い分、手作業と工夫でぶどうの良さを引き出すことを心がける。

手仕事による黒ぶどうの撹拌作業

発酵の様子を五感で確認している作業

NITTA's Comment

中央葡萄酒からの独立は、当時の山梨のワイナリー事情では考えられないほどのご苦労だったと感じます。地元山梨市の栽培農家との連携や、畑の借り受けなど、まず環境を整えることから始まったご夫婦二人の取り組みは、アジアで初めてワインレポートに取り上げられ、すぐに洞爺湖サミットの晩餐会ワインに採用され、業界を驚かせました。メルシャンの故浅井宇介氏の教えを伝え継ぐご夫妻の活動は、「クサカベンヌ」「千野甲州」に代表されるように、まだ始まったばかりです。

ルージュ クサカベンヌ
品種：マスカット・ベーリーA種
醸造方法：マセラシオン・カルボニック法
スタイル：赤 ライトボディ

それいゆ ピノ・ノワール
品種：ピノ・ノワール種
醸造方法：樽熟成
スタイル：赤 ミディアムボディ

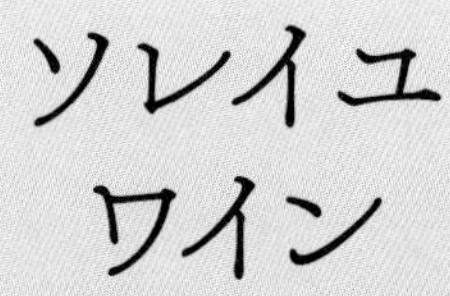

それいゆ シラー
品種：シラー種
醸造方法：樽熟成
スタイル：赤 フルボディ

それいゆ メルロー
品種：メルロー種
醸造方法：樽熟成
スタイル：赤 フルボディ

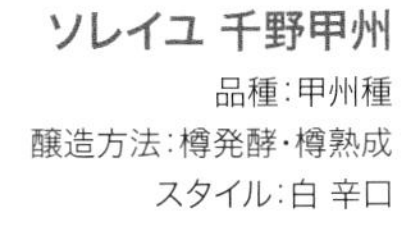

ソレイユ 千野甲州
品種：甲州種
醸造方法：樽発酵・樽熟成
スタイル：白 辛口

土地と自然と人々がレコード（記録）されている。
そんなワインを造り続けるワイナリー

金井醸造場

金井一郎

10年後に向けて挑戦したいこと

志が通い合う若い人を雇い、これまで培ったノウハウを伝えていきたいです。地域全体で持続可能な農業を確立し、多くの人が豊かな農村生活を営むようなことを夢見ています。

会社名	金井醸造場
住所	山梨県山梨市万力806
MAIL	caney@icloud.com
代表者	金井一郎（栽培醸造責任者）

収穫を待つ自社畑の甲州種

桑畑を開墾し、甲州種やデラウェア種などを栽培、一九六六（昭和四一）年にワイン造りをスタートさせた。病気になりそうな状態のぶどうに薬を使うという栽培法に疑問を感じ、テロワールを大切にするワイン造りに向き合い、ポット苗の欧州品種を育て始め、一九九八（平成一〇）年より全面有機栽培に切り替えた。「病気の原因の多くは天候でなくて自分自身の管理不足と観察や視点の誤り」ぶどうにストレスを与えない栽培法を探り続け、二十数年かけて、鉱物農薬の量を減らしながら酸も保持しつつ、クオリティーの高いぶどうを産み出している。

様々な曲折を経て、二〇〇四（平成一六）年より野生酵母での醸造を開始し、テロワールの着地点が見え始めるようになった。「仕込みでの僕の大切なシゴトは、発酵に使う器具とタンクの徹底した洗浄。それだけです。発酵の仕事は、僕は手助けしません。酵母と果汁がしてくれるからです」そう語る代表の金井は、その土地の情報がワインから伝わることを目標にワイン造りを続けている。

ワイナリーの前の目印となる看板

万力の丘にある自社畑

色づきを待つ万力地区の自社畑

色づきを待つカベルネ・ソーヴィニヨン種

配達の途中、万力地区の斜面でいつも金井一郎氏に出会います。畑に向き合う彼の背中は大きく、周りの風景に溶け込んでいます。彼のワイン造りの原点は畑なのだとその時間のかけ方で納得する。そんな彼を陰で支える奥様の金井祐子さんの存在は大きい。多分、彼が時間をかけて打ち込む姿を大きな心で包み込んでいるのだろう。時々おこなわれるワイン会での、お二人の尊重しあう姿は、ぶどう栽培に愛情を込めていることに重なってゆき、滋味深いワイン造りにもつながっているのかもしれません。

ぶどうの収穫をおこなう金井一郎夫妻

金井醸造場

vino da 万力
シャルデラ
品種:シャルドネ種／デラウエア種
醸造方法:ASK
スタイル:白 辛口

vino da 万力
シャルドネ
品種:シャルドネ種
醸造方法:ASK
スタイル:白 辛口

vino da 万力　甲州朝焼け
品種:甲州種
醸造方法:ASK
スタイル:白 辛口

vino da 万力
CS+Merlot
品種:カベルネ・ソーヴィニヨン種／メルロー種
醸造方法:ASK
スタイル:赤 フルボディ

vino da 万力
Muscat Bailey A+CS
品種:マスカット・ベーリーA種／カベルネ・ソーヴィニヨン種
醸造方法:ASK
スタイル:赤 フルボディ

※原料は、全て自社畑で栽培されたぶどう。すべての銘柄は醸造の手段として、野生酵母による発酵、無補糖、無補酸、無濾過、亜硫酸無添加、生詰めとなります。

新巻葡萄酒

100年先も愛される ワイン造りを目指す、金川流域の地勢を前面に 表現する4代続く 家族経営のワイナリー

中村紀仁

10年後に向けて挑戦したいこと

10年後も今と変わらずにワインを造っていたいです。地域での技術の普及と、より高品質のワイン造りができるように、生産者たちが切磋琢磨できる環境を築いていきたいと思っています。毎年が新しい挑戦、同じ品質のものを造り続けながら、常に新しいことにチャレンジしていきたいです。新しいラインナップでいえば、2,000円台中盤の濃いしっかりした欧州系の赤ワインを造ることが目標です。

会社名	新巻葡萄酒株式会社
住所	山梨県笛吹市一宮町新巻500
TEL	0553-47-0071
代表者	中村紀仁（栽培醸造責任者）

小規模ながらもこだわりに溢れたワインを造り続けている、創業一九三〇（昭和五）年の新巻葡萄酒。地域の農家がぶどうを持ち寄って醸造をおこなうブロックワイナリーが起源である。自社栽培のぶどうのみで醸造し、雪害に対応するための剪定の工夫や、遅霜や長雨、強風への備えなど、徹底したリスク管理をおこなっている。「栽培するぶどうの品質がワインの質」という哲学をモットーに、醸造をシンプルに、畑において品種ごとの特性を活かす工夫を重ねている。特に甲州種とデラウエア種が特徴的で、新巻葡萄酒の作る甲州種は、なぜか甲州種らしくない特徴的な香りがあるといわれ続けており、それが中村の代で再現性を見出すことが出来つつある。またデラウエア種はこのワイナリーでの醸造量がもっとも多く、ドイツワインを彷彿とさせる味わいで、魚介類にとても合う一本に仕上がっている。

新巻マスカット・ベーリーA

品種：マスカット・ベーリーA種
醸造方法：ホーロータンク発酵
スタイル：赤 ライトボディ

ゴールドワイン

新巻デラウェア

品種：デラウェア種
醸造方法：ホーロータンク発酵
スタイル：白 中口

新巻甲州

品種：甲州種
醸造方法：ホーロータンク発酵
スタイル：白 辛口

自社畑のマスカット・ベーリーＡ種

先代より受け継がれた醸造タンク

NITTA's Comment

世代を繋いで地道な栽培と醸造を続けてきた歴史は、土地の個性を表現していくことこそが、自己表現に繋がることを、紀仁氏は知っています。その知性と感性は必ず花開き、次世代の山梨にはなくてはならないワイナリーへと変貌していくと確信しています。

Small Winery, High Quality
アルプスワイン株式会社

アルプスワイン・直営店サロン

10年後に向けて挑戦したいこと

創業60周年を迎える2022年、商品のラインナップを全面刷新します。10年後にはこの新たな方向性が市場で評価され、一定の位置にいられるように努力していきたいです。

前島良

会社名	アルプスワイン株式会社
住所	山梨県笛吹市一宮町狐新居418
TEL	0553-47-0383
代表者	前島良（醸造家）

雄大な南アルプスの山並みが本社工場から甲府盆地の向こう正面に見えるから、創業者である前島福平が〝アルプスワイン〟と名付けた。前島は地域の米や肥料を扱う問屋を経営していたが、地域の共同醸造所である御代咲醸造を引き取り株式会社化しこのワイナリーが誕生した。

専業の栽培家を雇わず、農業生産法人に栽培を委託し、西洋品種においては棚栽培（一文字短梢栽培）をおこなっている。また、搾汁時には果汁の酸化を防ぐためドライアイスを用い、発酵においてはPOF（フェノールオフフレーバー）を出さない酵母を選択し、クリアーな味わいを実現するための醸造をおこなっている。その結果、亜硫酸添加量も減らせるので、瓶内で良い芳香熟成するワインを生み出す。

MBAの醸造には特に力を入れており、このぶどうの特徴的な香りである〝キャンディ香〟を抑えるために、低温醸しを使用している。

アルプスワイン

フォックスヴィレッジ
ノアソビブレンド ルージュ
品種：複数品種（年により変わる）
醸造方法：ステンレスタンク発酵・樽熟成 ブレンド
スタイル：赤 ミディアムボディ

フォックスヴィレッジ
ベーリーAドライ
品種：マスカット・ベーリーA種
醸造方法：ステンレスタンク醸造
スタイル：赤 ライトボディ

フォックスヴィレッジ
ひだまりの甲州
品種：甲州種
醸造方法：ステンレスタンク醸造
スタイル：白 中辛口

フォックスヴィレッジ
甲州ドライ
品種：甲州種
醸造方法：ステンレスタンク醸造
スタイル：白 辛口

手入れの行き届いた畑

NITTA's Comment

アルプスワインといえば“アサンブラージュ（人や物を集めること）”のセンスでしょうか。前島良氏の頭に浮かぶアサンブラージュは、栽培されたぶどうの見極めから、醸造の工程の中で始まります。完成度の高い技術と、個性を持つ前島良氏は、醸造家仲間の中でも兄貴的存在で、情報交換も頻繁におこなっています。研究熱心な彼の下には多くの醸造家や熱狂的なファンが多いのです。

ぶどう造りとワイン醸造に対する
姿勢がワインに表れた、
一宮地区のぶどうにこだわるワイナリー

北野呂醸造

10年後に向けて挑戦したいこと

新たな取組みとして、新しくぶどうの苗木を植えて育成し、10年後にはそのぶどうでワインを醸造できることが期待できます。その品種は単一品種ワインとしてだけでなく、ブレンドワインの原料の一つとし、自家農園で栽培する複数の品種をブレンドして、新しい味わいのワインを造り出すことに挑戦していきたいです。小さなワイナリーだからこそ、身近で、栽培者や醸造家と気軽にコミュニケーションが取れ、お客様に"感動や楽しさ"を提供し続けるワイナリーを目指していきたいです。

家族でワイン造りをおこなう

会社名	北野呂醸造有限会社
住所	山梨県笛吹市一宮新巻480
TEL	0553-47-1563
代表者	降矢忠夫（代表取締役社長）

桃畑とぶどう畑に囲まれた笛吹市一宮にある北野呂醸造は、一九六三（昭和一〇）年に創業。一九七五（昭和二二）年に現在の笛吹市に移転した。自家農園を含む約九〇％のぶどうを一宮町内、残り一〇％も山梨県産のぶどうを使用し、山梨県産ぶどう一〇〇％のワイン造りを続けている。ぶどうの栽培からワインの醸造及び瓶詰めまで、手作業に近い形で、家族のみで経営している。

自家農園では甲州種のほかに、欧州系のカベルネ種、メルロー種、シャルドネ種などの多品種のぶどうを栽培、バラエティー豊かなワインを用意することで、お客様にワインを選ぶ楽しさも提供できるようにしている。また、ぶどうの育った環境や特徴をワインで表現するために、品種ごとに製造工程や酵母を変えて醸造し、添加物や処理をする工程は最低限に留め、常に最適な条件を模索しながら、毎年最良のワイン造りを目指している。

ルアンジュ シャルドネ

品種：シャルドネ種
醸造方法：樽熟成
スタイル：白 辛口

ルアンジュ メルロー

品種：メルロー種
醸造方法：樽熟成
スタイル：赤 ミディアムボディ

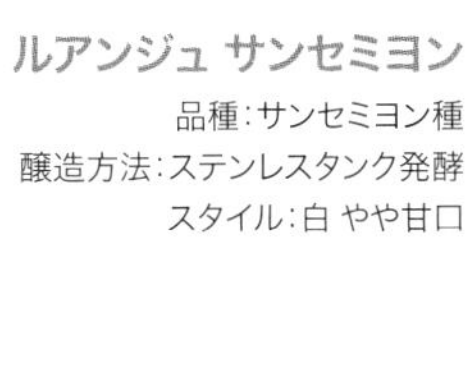

ルアンジュ サンセミヨン

品種：サンセミヨン種
醸造方法：ステンレスタンク発酵
スタイル：白 やや甘口

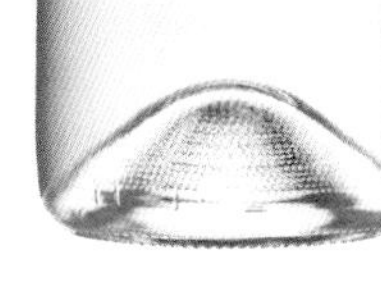

北野呂醸造

自社畑のシャルドネ種

瓶熟成中のワイン

自社畑の甲州種

NITTA's Comment

新巻地区の地勢を知り尽くした降矢氏。新しい品種への取り組みが楽しみなワイナリー。1990（平成2）年からサンセミヨン種の可能性も引き続き取り組み、古くからのファンが多く、地域とともに一歩ずつしっかりと歩み続けています。

100年以上変わらず、
笛吹の土地で醸すワイン造りを続けるワイナリー

ルミエールワイナリー

木田茂樹

会社名	株式会社ルミエール
住所	山梨県笛吹市一宮町南野呂624
TEL	0553-47-0207
代表者	木田茂樹（代表取締役社長）

10年後に向けて挑戦したいこと

ワイナリーを山梨県の観光のキラーコンテンツにしていきたいと考えており、近隣のワイナリーを含めたワインツーリズムを楽しんで頂けるよう、ホテルの建設も計画しています。またワイン造りにおいては、136年の歴史の中で築き上げてきた技術にさらに磨きをかけ、新しい技術の導入なども積極的におこなっていきたいです。ヨーロッパを追いかけるのではなく、日本から発信するワインとして甲州種やMBAのワイン造りを追求し、アジアが発信するワインスタイルの確立を目指したいと考えています。

地下ワインセラー

「日本のワイン文化に輝きを与える光（ルミエール）であり続けたい」、という創業以来の想いがこもったこのワイナリーのルーツは古い。一八八五（明治一八）年に明治政府の命により降矢徳義が創設した降矢醸造場がルミエールワイナリーの源流で、一九一八（大正七）年に皇室御用達となり、今では日本はもちろん、イギリスや香港、台湾などに輸出をおこなう世界的なワイナリーとなっている。

自社農園では不耕起・草生栽培をおこなっているほか、土地や気候にあったぶどう品種の導入にも積極的に取り組んでいる。また早くから欧州系品種の栽培をおこない、長期熟成に向いた良質なぶどう栽培を続けている。また、敷地の傾斜を活かして、醸造棟内のタンクからワインセラーまでポンプを使わず、重力を利用した繊細なワイン造りに取り組んでいる。さらに国の登録有形文化財および日本遺産にも指定されている「石蔵発酵槽」（一九〇一（明治三四）年に建造）を使ったワイン造りも続けており、伝統と技術を継承しつつ、革新的なワイン造りのために研鑽を積んでいる。甲州種を一〇〇％使用し、樽発酵で醸造後、オーク樽で約二〇ヶ月熟成した「光 甲州」や、シャルドネ種やセミヨン種などをブレンドして醸造しオーク樽で約一〇ヶ月熟成させた、一九六七（昭和四二）年から製造の伝統ある銘柄「シャトールミエール（白）」など多数。

ワイナリーにある石蔵発酵槽内部の様子

自社畑のカベルネ・ソーヴィニヨン種

自社畑の甲州種畑

手入れの行き届いた垣根畑

NITTA's Comment

遠くに南アルプスを望み、手入れの行き届いた垣根、棚仕立ての自社畑が広がるワイナリーの目の前の風景は、目を見張るものがあります。周りにはワイナリーと共に産地の歴史を担ってきた栽培農家が佇み、今もその歴史をつくり上げています。まさしく日本のぶどう産地を代表する風景。様々な伝統を繋いでゆくために、100年以上前の発酵槽での醸造、地元の食材を使ったレストランの存在、将来のホテル建設構想など、地域一体となして、ワイン産地の形成の将来像を描いているのでしょう。

ワインショップ

ルミエールワイナリー

光 セレクション
品種:カベルネ・ソーヴィニヨン種/プティ・ヴェルド種　他
醸造方法:樽熟成
スタイル:赤 フルボディ

石蔵和飲
品種:マスカット・ベーリーA種 他
醸造方法:石蔵発酵槽発酵
スタイル:赤 ライトボディ

シャトールミエール 白
品種:セミヨン種/シャルドネ種/ソーヴィニヨン・ブラン種/プティ・マンサン種
醸造方法:樽熟成
スタイル:白 辛口

トラディショナル スパークリング KAKITSUBATA
品種:甲州種
醸造方法:樽発酵・樽熟成・瓶内二次発酵
スタイル:白 スパークリング 辛口

光 甲州
品種:甲州種
醸造方法:樽発酵・樽熟成
スタイル:白 辛口
*DWWA(2021)プラチナ賞受賞

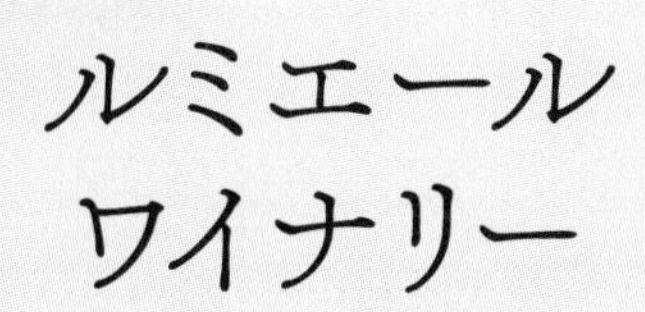

栽培家との協力関係を大切にしながら、
世界に発信できるプレミアムワインを造る

シャトー酒折ワイナリー

井島正義（取締役製造部長）

10年後に向けて挑戦したいこと

山梨では、その景観を守る意味でも、ワイナリーだけでなく農家にもぶどう栽培を担ってもらう必要があり、新規就農の方でも醸造用のぶどう栽培をやってみたいと思って頂けるような環境づくりが必要だと考えています。そして日本のワインの消費数量が今の1.5倍くらいになることを期待し、良質な美味しいワインを造り続けたいです。

会社名	シャトー酒折ワイナリー株式会社
住所	山梨県甲府市酒折町1338-203
TEL	055-227-0511
代表者	井島正義(醸造責任者)

手入れの行き届いた池川氏の畑

輸入洋酒専門の木下インターナショナルが経営母体のシャトー酒折ワイナリーは、一九九〇年代前半より海外原料を使ったワイン造りをおこなっていたが、一九九六（平成八）年より甲州種、MBAを中心としたワイン造りに着手し始める。輸入洋酒の専門商社出身の醸造家・井島正義とカリフォルニアでぶどう栽培を学んだ栽培家・池川仁がタックを組んでワイン造りがおこなわれている本ワイナリーは、タンクや搾汁機のサイズが大きく設計されている点が特徴的で、そのため仕込み規模が大きくなる。このため自社農園のぶどう栽培にこだわらず、地元農家との共生を図れるような契約栽培農家や農協系のぶどうも利用しながら、飲みやすくて、リーズナブルなワインを日常の食卓で楽しんでもらうことを使命としている。また、ワインをより親しみやすいものにするために、甲州種やデラウエア種などのセミスイート系のワインも重要視している。

「甲州ドライ」などのレギュラークラスは重要なアイテムであり、これらのワインの知名度が上がれば、より良質なぶどうを使用した「マスカットベリーA樽熟成 キュベ・イケガワ」などのワインに多くの人が興味を示すのではないかと考えている。

甲州種

マスカット・ベーリーA種

NITTA's Comment

なんといっても井島正義氏が造るワインの代表作は、栽培家の顔が浮かぶ「マスカットベリーA 樽熟成 キュヴェ・イケガワ」です。栽培家のレジェンド・池川仁の栽培するMBAとのコラボは2005（平成17）年より始まりました。今までのMBAの定説を覆すこのワインは、栽培家の理論をそのまま醸造の理論へと変換させる感覚のワインです。MBAの可能性を大きく飛躍させたワインでしょう。

シャトー酒折ワイナリー

甲州ドライ
品種：甲州種
醸造方法：ステンレスタンク発酵
スタイル：白 辛口

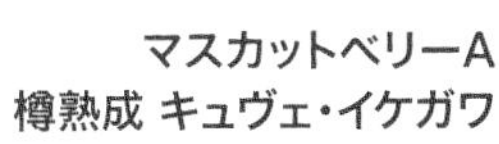

マスカットベリーA 樽熟成 キュヴェ・イケガワ
品種：マスカット・ベーリーA種
醸造方法：樽熟成
スタイル：赤 ミディアムボディ

Barrel aged
Cuvée Ikegawa
2016 GI Yamanashi
Chateau Sakaori Winery Co., Ltd.

エステート シラー
品種：シラー種
醸造方法：樽熟成
スタイル：赤 フルボディ

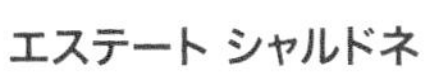

エステート シャルドネ
品種：シャルドネ種
醸造方法：樽熟成
スタイル：白 辛口

山梨の歴史・気候・風土を知り尽くし、
膨大な栽培研究結果と醸造データを持つ
日本を代表するワイナリー

サントリー 登美の丘ワイナリー

庄内文雄

10年後に向けて挑戦したいこと

ぶどう作り、ワインづくりにとって10年後は遠い将来ではなく、今から布石を打っていくことが大切です。気候条件や社会環境が変化するなかで、100年以上この土地を守り、そしてこれから新しく挑戦すべきことに前向きに真摯に取り組んでいく。我々の先輩方がつくり上げてきた登美の丘ワイナリーの歴史と品質を磨きあげ、そして次の世代に繋げていくことが我々の使命と考え、ぶどう作り、ワイン造りに取り組んでいます。

会社名	サントリーワインインターナショナル株式会社
住所	山梨県甲斐市大垈2786
TEL	0551-28-7311
代表者	庄内文雄(ワイナリー所長)

熟成を待つ地下のワイン樽の数々

登美の丘は、富士山や南アルプスなど、周囲を高い山に囲まれており、山梨でも特に雨の少ない土地に位置する。南向きの斜面に広がるぶどう畑は、日当たりが良く、標高が高いため冷涼で、収穫期には昼夜の気温差が10度以上になる日が多いため、ぶどうの熟度も高くなる。

そんな環境下で、ぶどう畑を約五十の区画に分けて管理、標高差や地形や土壌などを考慮し、適材適所、ぶどうの品種を育てている。

登美の丘の土壌は、粘土とシルト（粒状が砂より小さく粘土より大きな堆積土）と砂が程よく混ざり水はけが良く、栽培家はぶどうの品質をさらに良くするために、長年にわたって改良を加え、土と対話をし続けている。そんな土で栽培するぶどうは主に11品種で、登美の丘の気候や風土を考慮しながら、それぞれの品種を細かく管理、栽培している。また、草生栽培と呼ばれる自然の植物と共生しながらぶどうを栽培する方法を取り入れており、風土と寄り添いながら品種を改良し、登美の丘という土地を表現するようなワイン造りを続けている。

丁寧な栽培方法で育てられたぶどうは、それぞれの品種に最適な醸造方法を探り、可能な限り別々に醸造している。加えて酸化を防ぐため、様々な方法を取り入れ慎重にぶどうを扱いながらワイン造りをおこなっている。

ワイナリー内ショップ

登美の丘に広がる自社畑

歴史ある地下の貯蔵庫

NITTA's Comment

1909（明治42）年に小山新助氏の開園から始まり、数々の偉業を成し遂げてきたワイナリー。1975（昭和50）年には日本初の貴腐ぶどうの収穫に成功等、日本のワイン産業に大きな影響力を持っています。「登美 赤」は、1982（昭和57）年のファーストヴィンテージから登美の丘のフラッグシップワインとして「世界標準の最高峰の赤ワイン」を追い求めてきました。日本でしかつくれないボルドースタイルで、パワフルさだけでない、日本の風土を連想させる、しなやかさ・緻密さ・ふくよかさを目指し、次の時代へ向けて進化しています。

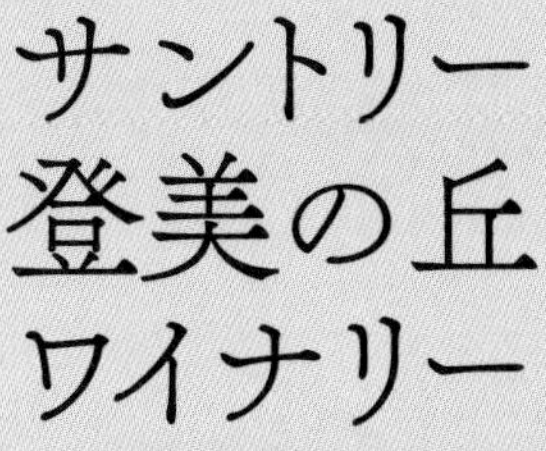
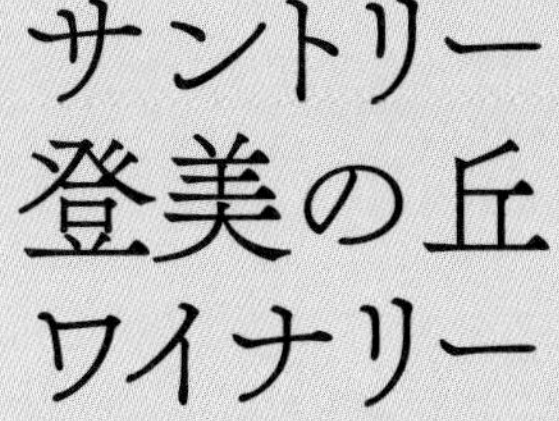

サントリー 登美の丘 ワイナリー

登美の丘ワイナリー 登美 赤

品種:メルロ種/プティ・ヴェルド種/カベルネ・ソーヴィニヨン種
醸造方法:樽熟成
スタイル:赤 フルボディ

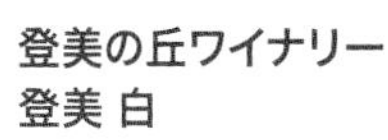

登美の丘ワイナリー 登美 白

品種:シャルドネ種
醸造方法:樽発酵・樽熟成
スタイル:白 辛口

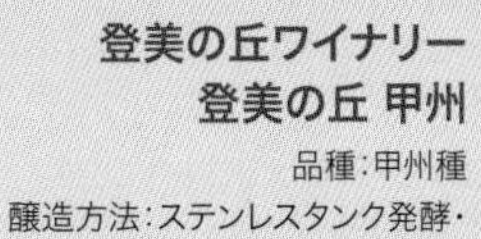

登美の丘ワイナリー 登美の丘 甲州

品種:甲州種
醸造方法:ステンレスタンク発酵・熟成・樽熟成 ブレンド
スタイル:白 辛口

登美の丘ワイナリー 登美 ノーブルドール（貴腐ワイン）

品種:リースリング・イタリコ種
醸造方法:ステンレスタンク発酵
スタイル:白 甘口

良いワインは良いぶどうから
敷島醸造

保延実

10年後に向けて挑戦したいこと

“敷島醸造ならこのワイン”といわれるようなプレミアワインを造りたいと思っています。オーナー制度に加えて全国からお手伝いをしたいといってくださる方をお呼びし、栽培を身近に感じて頂き、ワインに対する愛と親近感を感じてもらえるようなワイナリーにしていきたいです。また新たな挑戦として、温暖化が進む中、栽培や醸造での工夫を怠らず、気温上昇に立ち向かう手段をしっかりと考えて、おいしいワイン造りへの挑戦を続けていきたいと考えています。

会社名	敷島醸造株式会社
住所	山梨県甲斐市亀沢3228
TEL	055-277-2805
代表者	保延実（代表取締役）

江戸時代に林業、明治時代に養蚕を併せて営む農家からぶどうを栽培し始めたのは約六〇年前。いち早くぶどうの果実の重要性に着目し、三〇年以上も前に酒造免許を取得して、当時としては珍しいワイン醸造を始める農家となった。戦後に始めたぶどう農家のノウハウを基に、現在では甲州種以外にもシャルドネ種やメルロー種といった欧州系まで一四種類のぶどうを栽培し、醸造まで自社で一貫しておこなう農家兼ワイナリー。「菩薩農場」と呼ばれる日当たりに恵まれた南東向きの傾斜地にあるぶどう畑は、風通しが良く、粘土質が特徴で、砂利や砂の農場と比較し、糖度が高いぶどうが作れる。「良いワインは良いぶどうから」を創業からの理念とし、極力自然に近い形で安心かつ安全にお客様へお届けするために、除草剤を使用せず減農薬にこだわり、自社農場で採れたぶどうを使って、純粋な日本ワインを造り続けている。

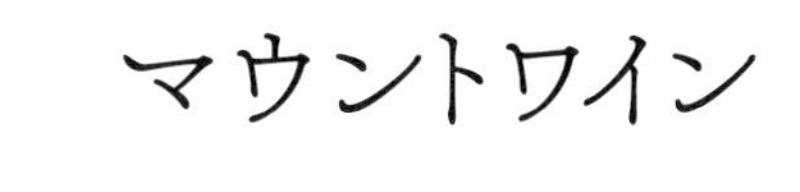

シキシマ ピノ・ノワール
品種：ピノ・ノワール種
醸造方法：樽熟成
スタイル：赤 ミディアムボディ

シキシマ 甲州シュール・リー
品種：甲州種
醸造方法：シュール・リー製法
スタイル：白 辛口

シキシマ 菩提 Bodai Vineyard Blend
品種：プチ・ヴェルド種／カベルネ・ソーヴィニョン種／メルロー種
醸造方法：樽熟成
スタイル：赤 ミディアムボディ

シキシマ シェンブルガー
品種：シェンブルガー種
醸造方法：ステンレスタンク発酵
スタイル：白 辛口

保延社長を囲むスタッフたち

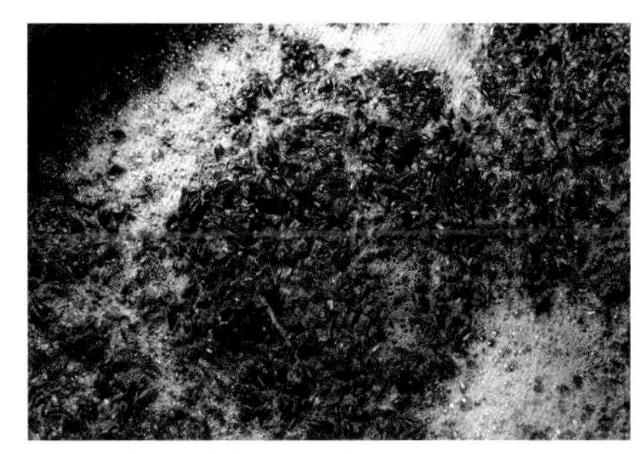
タンクの中の発酵中の黒ぶどう

NITTA's Comment

甲府盆地の中でも早くから標高600m以上の地に自社畑を持ち、欧州系品種に力を入れていた取り組みは、栽培技術と醸造技術の革新により、いよいよその真価を発揮し始めています。これから益々注目を集めるワイナリーでしょう。

茅ヶ岳のように、緩やかで穏やかで、記憶に残るワイン造りを目指す

ドメーヌ茅ヶ岳

10年後に向けて挑戦したいこと

栽培と醸造方法は現状を踏襲し、今後は欧州種を追加していきたいです。また、新たにデザートワインにも挑戦したいです。

安部正彦夫妻

会社名	ドメーヌ茅ヶ岳
住所	山梨県韮崎市上ノ山3237-6
TEL	080-5534-1674
代表者	安部正彦（醸造責任者）

ドメーヌ茅ヶ岳の代表である安部正彦は、勤めていた大手電機メーカーを早期退職し、二〇一二（平成二四）年に山梨大学修士課程に入学、二〇一五（平成二七）年より両親が営んでいたぶどうの作業小屋を譲り受け、そこを醸造場としてワイン造りをスタートさせたという異色の醸造家。評価の高い〝韮崎のぶどう〟を使って、地元で付加価値を高めたワイン造りをおこない、そのワインを地元のレストランで飲んで欲しい、という〝地産地消の精神〟を大切にする。ここでは生食ぶどうをはじめ、大手ワイナリーに卸すぶどう生産もおこなっている。MBAの完熟したぶどうを原料に、甘い香りのフラネオールが通常の一〇倍以上含まれる果実香の強い赤ワイン「Adagio di 上ノ山 マスカット・ベーリーA」は、創業と共に醸造した、こだわりが詰まった一本である。

ドメーヌ茅ヶ岳

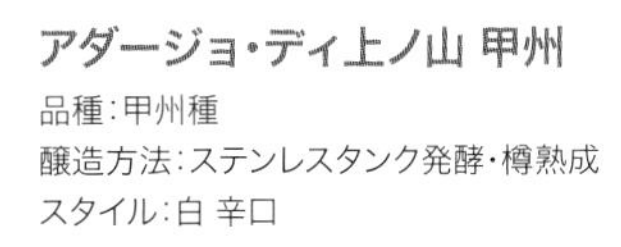

アダージョ・ディ上ノ山 甲州

品種:甲州種
醸造方法:ステンレスタンク発酵・樽熟成
スタイル:白 辛口

アダージョ・ディ上ノ山 マスカット・ベーリーA

品種:マスカット・ベーリーA種
醸造方法:樽熟成
スタイル:赤 フルボディ

NITTA's Comment

ご夫婦二人で営むワイナリーはこじんまりしているがとても合理的で、安部氏の最先端技術により、高品質なMBAと甲州種を栽培しています。2016(平成28)年、当時無名の安部氏の醸すマスカット・ベーリーA種が、"日本で飲もう最高のワインコンクール"で高い評価を得て数々の賞を受賞し、このワイナリーとともに注目された上ノ山地区は、今後、目が離せません。

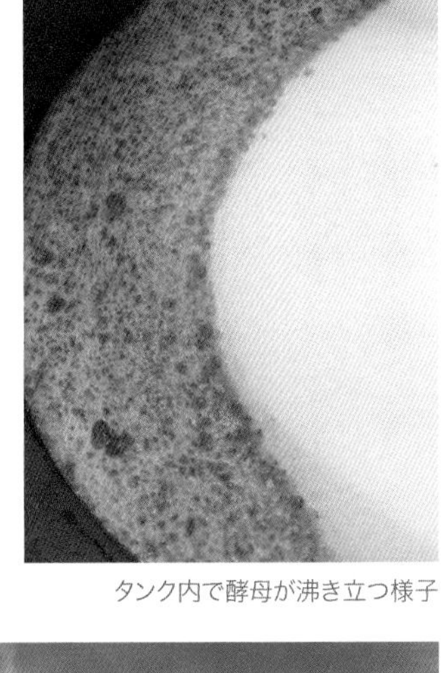

タンク内で酵母が沸き立つ様子

コンテナを利用したワイナリーの外観

収穫を待つ MBA

マルス穂坂ワイナリー

穂坂地区に新たな可能性を見出し、自社畑の日之城地区と共に、大きな可能性を秘めたワイナリー

MARS HOSAKA WINERY
マルス穂坂ワイナリー

10年後に向けて挑戦したいこと

10年後も変わらず、この地でワイン醸造を続けていると思います。気候の変化により、欧州系のぶどうは変わっているかもしれませんが、山梨産の甲州種とMBAは継承できると考えています。ワインのスタイルは温暖化の影響を受け、トロピカルに変化するかもしれませんが、それも産地を表現する要素と捉えています。甲州種とMBAが主体のワイナリーという点は変えず、これからの10年は産地に適合したぶどう品種と欧州系の品種を模索し、山梨・穂坂のマルスワイナリーとして、ワイン造りを継承していきます。

田澤長己

会社名	本坊酒造株式会社
住所	山梨県韮崎市穂坂町上今井8-1
TEL	0551-45-8511
代表者	田澤長己(製造家・工場長)

鹿児島が本社の老舗焼酎メーカー・本坊酒造一八七二(明治五)年創業が一九六〇(昭和三五)年、山梨県笛吹市に現在のマルス山梨ワイナリー、二〇一七(平成二九)年にマルス穂坂ワイナリーを設立した。醸造を穂坂ワイナリーで、貯蔵と瓶詰めを山梨ワイナリーという体制でワインを製造している。自社農園である穂坂日之城農場では、フラッグシップである「日之城」シリーズ醸造のための凝縮度の高いぶどうを栽培、厳しい収量制限をおこなっている。また雨対策として暗渠排水設備の設置やグレープガードの設置、地面へのマルチシートを施し、健全な状態での収穫を目指している。山梨の地場産業としてのワインを支えるのは、農家の方々なしでは語れないという考えから、自社で栽培するのはフラッグシップ用の欧州系品種のみで、その他はすべて契約農家に栽培を託している。

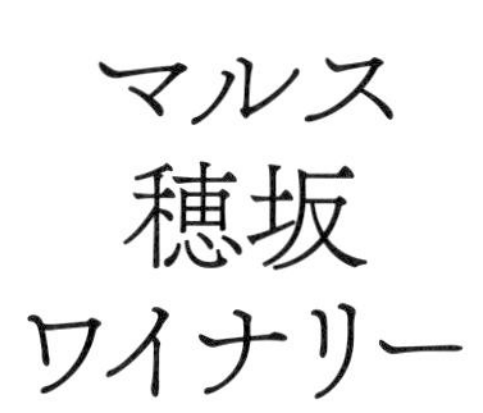

マルス 穂坂 ワイナリー

穂坂日之城 カベルネ&メルロー遅摘み
品種：カベルネ・ソーヴィニヨン種／メルロー種
醸造方法：樽熟成
スタイル：赤 フルボディ

穂坂 マスカット・ベーリーA 樽熟成
品種：マスカット・ベーリーA種
醸造方法：樽熟成
スタイル：赤 ミディアムボディ

牧丘 甲州
品種：甲州種
醸造方法：ステンレスタンク発酵
スタイル：白 やや甘口

収穫されたマスカット・ベーリー A 種

ぶどう果汁に負担をかけない画期的なグラビティ・フローの設計

NITTA's Comment

次世代を見据えた穂坂ワイナリーの開設は、日之城農場で生産される高品質な欧州系品種の可能性をさらに広げています。今後も、若い栽培者・醸造家が、先輩の魂を引き継ぎ、穂坂ワイナリーと「日之城」をいかに開花させていくか、とても楽しみです。

ウサギのように穏やかな、やさしい味わいで
幅広い食材に合うワイン造りを目指す

ドメーヌ・デ・テンゲイジ

10年後に向けて挑戦したいこと

上ノ山地区は非常に品質の高いぶどうが収穫できる産地でもあり、この地を守り、次の世代に繋げていくことを目標に掲げています。契約農家さんから甲州種、MBAを直接仕入れ、上ノ山地区のブランドワインとしてリリースしています。新たに醸造用ぶどうの栽培面積を増やし、上ノ山を代表する品質の高いワインを造っていきたいです。また、農家さんの高齢化に伴い、農家さんと連携した栽培技術の継承、若手農家の育成にも力を入れていきたいです。

下川真史（栽培家）、天花寺弓子（醸造家）

会社名	農業生産法人株式会社 CouCou-Lapin Domaine des Tengeijis
住所	山梨県北杜市明野町小笠原字大内窪 3394番271
TEL	—
代表者	天花寺弓子

「世界に通用するほんまもんのワイン造り」を目指し、輸入ワインのインポーターであった天花寺弓子氏が二〇一七（平成二九）年に創業したワイナリー。二〇一一（平成二三）年に山梨県に移住後、山梨大学大学院ワイン科学研究センターの研修で訪れたニュージーランドで、ワイン造りの最先端に触れ、日本ワインの遅れを痛感、このワイナリーを起ち上げた。絞りかすや剪定枝の活用など、環境に配慮した「サステナブル」なワイン造り、循環型農業を実践している。ワイン産地として継続していくことが重要と捉え、社会的、経済的に持続可能なワイン造りをおこないながら、地域貢献を目指す。「食事と共に楽しんでもらえるワインであること」をモットーに、また、ぶどうの品種や畑の特徴を表現できるよう、生産者、畑ごとに栽培を区分けし、ぶどうの個性を楽しめるワイン造りをおこなっている。

ドメーヌ・デ・テンゲイジ

エスポワール甲州
品種：甲州種
醸造方法：フードル発酵熟成
スタイル：白 辛口

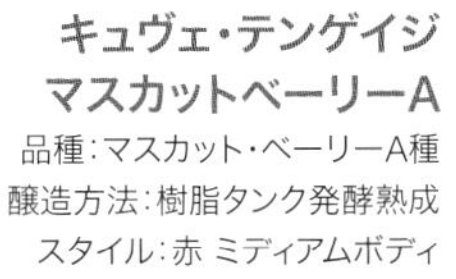

キュヴェ・テンゲイジ マスカットベーリーA
品種：マスカット・ベーリーA種
醸造方法：樹脂タンク発酵熟成
スタイル：赤 ミディアムボディ

NITTA's Comment

世界のワイン事情を知る天花寺女史の中で、日本でのワイン造りに山梨を選択して頂いたことに大きな意味を感じます。生産者との繋がりの大切さや、土着品種への思いやり、山梨の地に於ける欧州系品種への可能性への挑戦等、下川氏と共に新しい旋風を引き起こす可能性を秘めているワイナリーです。

江井ヶ嶋酒造(株) 山梨ワイナリー

南アルプスの麓の土壌に可能性を求め、次の時代への品種の可能性を探る

山本公彦

会社名	江井ヶ嶋酒造株式会社
住所	山梨県北杜市白州町白須1045-1
TEL	0551-35-2603
代表者	山本公彦(栽培醸造責任者)

10年後に向けて挑戦したいこと

温暖化による、気候変動と共に自社畑の栽培品種を変え、この土地に合った品種の栽培をおこなっていきます。プティ・ヴェルド種やブラック・クイーン種に興味があり、主力品種のカベルネフラン種とともに、ブレンドワインも模索していきたいです。この土地に適しているカベルネフラン種と甲州種には特に力を入れており、その可能性はまだまだ広がると思います。 尾白地区、白須地区の土壌は砂地で水はけのよさがポイントで、カベルネフラン種に非常に適しております。白須地区はシャルマンの宝ですので、地区名の入ったワインに力を入れ、他の土地との差別化を図り、少量生産でもオンリーワンのワイン造りを目指していきます。そのためには最新の設備の導入も欠かせないので、そこにも力を入れていきます。

八ヶ岳や甲斐駒ヶ岳など三〇〇〇メートル級の山々に囲まれ、流れ入る釜無川流域に自社畑を持つ、山梨とは思えない一種独特の雰囲気を持っているワイナリー。現所長である山本公彦の祖父の時代、山本泰造が一九五五（昭和三〇）年に「白州醸造株式会社」を起ち上げ、一九六四（昭和三九）年に現在の社名へと変えた。甲府盆地の東側の果樹産地と違う地理的にも非常に恵まれた地形と土壌、気候を持ち、山梨のワインの中でも特化した場所で栽培されたぶどうからワインを醸造している。

減農薬と草生栽培を取り入れ、病気に強くミネラル豊富なぶどうに育てるため、房に太陽の光を照射させることに特に注意を払っている。「ゆっくり、丁寧に、やさしく」をモットーに、ぶどうの個性ができるだけ引き立つように心がけている。

シャルマンワイン

カベルネフラン 尾白 無濾過
品種：カベルネフラン種
醸造：樽熟成
スタイル：赤 フルボディ

甲州シュールリー 微炭酸 無濾過
品種：甲州種
醸造：シュール・リー製法
スタイル：白 辛口

カベルネ・ソーヴィニヨン 釜無 無濾過
品種：カベルネ・ソーヴィニヨン種
醸造：樽熟成
スタイル：赤 フルボディ

メルロ 尾白 無濾過
品種：メルロー種
醸造：樽熟成
スタイル：赤 フルボディ

隣接している自社畑のぶどう収穫風景

コンクリートタンクの一部

NITTA's Comment

地元白州町を愛し、地域に根差した品種に力を入れ、地元の栽培者との交流を深める山本氏。栽培する品種の変更や新規導入設備等、10年後を見据え果敢に挑戦をし続ける姿は、かっこいいです。カベルネフランは、是非お勧め。甲州種はこの土地ならではの酸と旨味を放ちます。

自然の摂理に従い
1銘柄200 ～ 1000本の限定貴重ワインを造る

ドメーヌヒデ

渋谷英雄（栽培醸造責任者）

10年後に向けて挑戦したいこと

高濃度のセニエ法やアマローネ（陰干しした葡萄を使った、イタリアの最高級ワインの一つ）造りを、一つの日本ワインの個性として奮闘し、ワインの搾りかすと炭化剪定枝を用いた、植物性堆肥のみで栽培する完全循環型の農業に取り組んでいきます。また月の力を信じ、ぶどうの生命力を高め、10年後には日本独自のビオディナミワインの方法を知ることがドメーヌヒデの挑戦です。

会社名	株式会社ショープル
住所	山梨県南アルプス市小笠原436-1
TEL	055-244-6485
代表者	渋谷英雄（代表取締役）

足踏み破砕の様子

ほぼ人力でおこなわれるワイン造り

「月に従い、自然につくる」「一つ一つの畑からワインを生む」「ぶどうに頑張らせない」という三つの哲学を掲げワインを造っている。代表者の渋谷英雄はワイン科学士で、空港長やプロダイバー、臨床心理士を経て東夢ワイナリーで腕を磨いた後独立し、日本のぶどう畑四六箇所に水を撒き、最も水はけの良かった南アルプス市にワイナリーを設立した。日本独自のビオディナミ（オーガニックの一種で、自然の力と土壌のエネルギーを使ってぶどうの生命力を高める農法）の確立を目指し、月の引力と合わせた月齢による栽培と醸造をおこなう。自社の畑は有機農法を取り入れており、醸造はほぼ人力、衛生ジャケットを着用した足踏み破砕や、かい入れ撹*で醸造している。またワインは、一銘柄二〇〇～一〇〇〇本の限定で約二五銘柄製造しており、畑ごとに瓶詰めをおこなうモノポールが基本。

高台にある自社畑

赤ワイン用の干しぶどうの様子

自社畑に立つ渋谷氏

開発途中の“ワインビール”

撹拌作業の様子

NITTA's Comment

渋谷氏の登場は、その取り組みにより、山梨の南アルプスの麓、甲府盆地の西斜面に新しい銘醸地を記しました。南アルプス市は、山梨の産地の可能性を更に広げる地域へと変貌しています。マスカット・ベーリーA種の可能性を、ビオディナミの確立によりさらに拡げていくでしょう。優しい語り口から、怖いほどの信念と覚悟を感じます。

ドメーヌヒデ

ドメーヌヒデ Vegan（完全な菜食）（無農薬・無動物性）

品種：マスカット・ベーリーA種
醸造方法：開放タンク発酵
スタイル：赤 ミディアムボディ

ドメーヌヒデ Sage（賢者）V.V.（樹齢58年のヴィエイユヴィーニュ古木）

品種：マスカット・ベーリーA種
醸造方法：開放タンク発酵・樽熟成
スタイル：赤 ミディアムボディ

ミズナラ甲州

品種：甲州種
醸造方法：樽熟成
スタイル：辛口

ドメーヌヒデ Laputa（セニエ）

品種：マスカット・ベーリーA種
醸造方法：開放タンク発酵・樽熟成
スタイル：赤 フルボディ

山梨でワイナリーを起ち上げる意味とは
〜新規ワイナリーの可能性〜

これから紹介するワイナリーは、山梨でワイナリーを起ち上げる意味を理解し、
なぜこの地を選んだのかが明確に表れているヴィニュロンたちです。
世界のワインを知り尽くし、ゆえに山梨でのぶどう栽培とワイン造りに何を求めていくのか、
どんなワインを表現してゆくのかを、しっかりと頭の中に想像できている人たちです。
ワイン造りは、その土地の個性の理解と、そこに生きる人たちとのコミュニケーション力、
そして、その産地を取り巻く自然との対峙とともに、
すべてを抱擁できる想像力の器の大きさで決まると思っています。
どれが欠けても致命的です。そこにはやはり、人なのです。
山梨市の斜面に山梨の可能性を感じたヴィニュロン。
牧丘の地に根差した新たなカテゴリーのワインを追求するヴィニュロン。
山梨の未開の地に、次の世代を見据えた取り組みに人生をかけたヴィニュロン。
山梨、いや、日本のワインの新たな可能性を広げるワイナリーを起ち上げる人たちの紹介です。
今後一〇年先に先頭に立つワイナリーであることは間違いないでしょう。

室伏ワイナリー

ワイングラスだけでなく、陶器でも飲んでもらいたい。ワインの固定観念を変え、新しいワインのある生活を演出するワイン造りを目指す新規ワイナリー

10年後に向けて挑戦したいこと

10年後もワインの産地として、山梨県が魅力のある場所になるように、さらに農業が盛んとなり、ワインなどの加工産地としてお客様に楽しんでいただけるように取り組んでいくつもりです。

小林剛士

会社名	合同会社共栄堂
住所	―
TEL	―
代表者	小林剛士（栽培醸造責任者）

「あなたのテーブルワインはここに……」をテーマに、山梨県牧丘町で日常気軽に飲めるワイン造りをおこなっている。二〇一五年に生産を終了した四恩醸造の栽培・醸造責任者であった小林剛士が創設。共栄堂という名前は代表者の小林剛士の実家が営む「よろず屋」の屋号で、〝ともに栄える〟という言葉には、ぶどう栽培やワイン醸造を通して山梨の農業全体の下支えをしたいという小林の想いが込められている。

共栄堂が造るワインはラベルに数字や記号が羅列されているだけで、ワインに名前がない。これは文字から得られる固定概念を一旦外して、自由にワインを楽しんで欲しいという小林の考えが込められている。また、小林の造るワインのラベルにはQRコードが貼ってあり、そこにアクセスすると音楽が聴けたりするなど、ワインとアートのコラボレーションにも積極的に取り組んでいる。

K20bAK RZ(ロゼ)

品種:甲州種/マスカット・ベーリーA種/メルロー種/巨峰種
醸造方法:ASK
スタイル:ロゼ 辛口

K20bAK_SR_99(白)

品種:デラウエア種/甲州種 他
醸造方法:ASK
スタイル:白 辛口

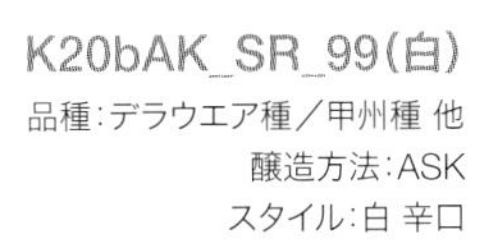

室伏ワイナリー

K20bAK_DD(橙)

品種:甲州種
醸造方法:ASK
スタイル:白 辛口

今年の新作ラベル(毎年変わる)

仕込みを待つ甲州種

熟成を待つワイン樽

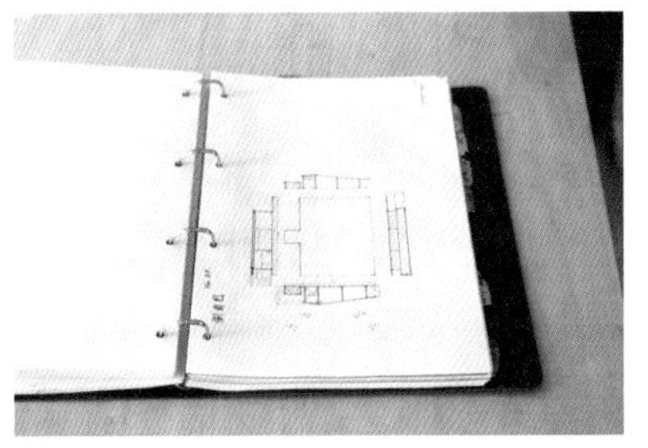

ワイナリー起ち上げのための構想図

NITTA's Comment

ワインという飲み物を、自分たちの生活の中に自然に溶け込ませるスタイルを、このワイナリーが確立したように思います。ワイングラスだけでなく、「陶器でも飲んでもらいたい」「口元に厚さを感じるグラスやコップで飲むことにより、自分のワインを表現することができる」など、今までにない、新しいワインのある生活を演出できる表現者ではないでしょうか。

seven ceders winery

山梨の新しいテロワールと品種の可能性を追求し、富士を望む地区から世界を見据える新規ワイナリー

10年後に向けて挑戦したいこと

この土地を守り続けてきた"7本の千年杉"へ敬意を抱いて名付けたワイナリー名です。10年後、この土地にぶどう畑が広がって、訪れる皆さまに新たな楽しみを提供できるよう、この新しい取り組みをリードしていきます。

鷹野ひろ子

会社名	株式会社　大伴リゾート セブンシダーズ　ワイナリー
住所	山梨県南都留郡 富士河口湖町河口513－5
TEL	—
代表者	鷹野ひろ子（ワイナリー責任者）

「山梨にあって、まだテロワールの表現が未開の地で田畑休耕地を開拓。どの品種に光が差すのか、今後、経験を通じて、この地の味わいを素直にお伝えしていきたい」。山梨は甲州市を中心に数々のワイナリーが点在するが、富士山近辺は気候と土壌の関係でぶどう栽培が難しいエリア。そんな土地であえて新たな挑戦をするのが、本ワイナリーの代表・鷹野ひろ子である。大学で発酵学を学び、勝沼醸造の製造・商品管理職、フジッコワイナリーの栽培醸造責任者を担った後、このワイナリー起ち上げの準備をおこなってきた。同時に自分が造りたい品種の中で、この地に適する品種は何かを模索しながら、この土地が醸すオリジナルのワイン造りを目指している。長年自らの付き合いの中で生まれたぶどう栽培者十二名との絆を大切に、栽培者を打ち出したきめ細かいワイン造りにも挑戦する。その主力となる甲州種ワインにも力を注いでいく。

seven ceders winery

seven ceders winery bran

品種：ソーヴィニヨン・ブラン種／プティ・マンサン種／ケルナー種
醸造方法：ステンレスタンク発酵 一部樽熟成
スタイル：白 辛口

seven ceders winery 甲州

品種：甲州
醸造方法：ステンレスタンク発酵
スタイル：白 辛口

seven ceders winery rouge

品種：メルロー種／プティ・ヴェルド種
醸造方法：樽熟成
スタイル：赤 フルボディ

契約栽培家
若林喜久雄氏

契約栽培家
若林重則・和枝夫妻

契約栽培家
山中弘巳氏

NITTA's Comment

鷹野女史と、株式会社大伴リゾート社長、伴さんご夫妻との出会いに、山梨のワイン産業の大きな転換を感じました。鷹野女史のお人柄はその線の細い印象とは裏腹に、バイタリティーに溢れ、姉御肌。栽培スタッフや醸造スタッフをぐいぐいと引っ張り、自分の理想をどこまでも追い求めています。甲府盆地を中心とした山梨の栽培産地とは一線を画す、富士を見渡すこの場所で、セブンシダーズワイナリーの起ち上げは、山梨の次世代の可能性を世界に示すことになるでしょう。

万力の丘で、世界を見据えた栽培ぶどうの育成を目指す新規ワイナリー

カーヴ・アン

10年後に向けて挑戦したいこと

山梨市のテロワールを生かした、日本らしいワイン造りを目指します。可能性を感じている品種はプティ・マンサン種、タナ種、プティ・ヴェルド種、アルバリーニョ種も楽しみです。

安蔵正子

会社名	株式会社Cave an
住所	建設中
TEL	―
代表者	安蔵正子（栽培醸造責任者）

日当たりが良く水はけのいい山梨市万力地区の南向き斜面に、醸造用の品種を栽培するカーヴ・アン。以前の勤務先であった丸藤葡萄酒で、数々の賞を授賞した経験を持つ栽培醸造家の安蔵（あんぞう）正子が二〇二一（令和三）年三月に設立したワイナリー。山梨大学でワイン微生物を学んだ安蔵は、丸藤葡萄酒に入社、四年間の勤務を経て、ボルドーのワイナリーにて研修を受け、二〇〇五（平成一七）年に帰国、再び丸藤葡萄酒にて栽培と醸造を担当した。ぶどうの生育を注意深く見守りながら、収穫されたぶどうのポテンシャルに合わせ、適熟を見極め、できるだけ無補糖かつ無補酸で、無理をしない醸造を目指す。強さよりもエレガントさを大切に、食事に寄り添ったワイン造りを目標としている。自分で栽培したぶどうを自ら醸造し、日本の食卓にあったバランスの良いワイン造りを日々研究している。

カーヴ・アン

甲州醸し
品種：甲州種
醸造方法：醸し発酵
スタイル：白 辛口

万力ルージュ
品種：メルロー種／タナ種／シラー種／プティ・ヴェルド種
醸造方法：樽熟成
スタイル：赤 フルボディ

万力ブラン
品種：プティ・マンサン種
醸造方法：ステンレスタンク発酵
スタイル：白 辛口

＊安蔵女史が丸藤葡萄酒時代に手がけたワイン。今後は場所を変え、ここカーヴ・アンのフラッグシップワインとなり、変わらぬ味をお届けしてまいります。来年よりラベルも一新、皆様の前に登場いたします。

万力の丘に広がる自社畑

色づきを待つタナ種

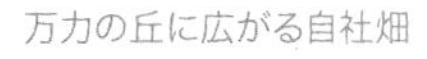
NITTA's Comment

日本のヴィニュロンとして代表される安蔵女史が、ついにご自分の夢であるワイナリーを起ち上げた。甲州種とMBAの次のワインのスタイルを山梨から発信すべく、世界を見据えた栽培ぶどうの育成を万力の丘で形にしています。「万力ブラン」と「万力ルージュ」は、山梨の次の世代へ向けて大きな存在感を示しています。

あとがき〜一〇年後の山梨ワイン〜

私の経営する店は、昭和の時代を生きた祖父や父の時代は、地域密着の、何でも販売するよろず屋の酒屋だった。小学校が目の前にあり、地域の人たちが自然と集まり、それはそれで良い時代であった。

時は流れ、そんな牧歌的な風景は時代が許さず、規制緩和の嵐が吹いていた一九九四（平成六）年、私は地元に戻って家業を継ぎ、山梨のワインを世界へ発信していこうと心に決め、ガラリとお店を変えた。でも、今でも変えずに販売を続けているのは子供向けの駄菓子だった。駄菓子の販売を続けていることで、地域に住んでいる人たちを何世代も店から眺めることができた。おかげで今、小学校に通う子どもたち世代よりも三世代さかのぼった世代を知ることができている。

「君、おじいちゃんに似てきたなー」

「君のおばあちゃんは隣町から嫁いできて、とても立派な家柄で、そんなところから勝沼へお嫁に来たんだよ！」そんな風に子どもたちに、自分たちのルーツを話してやりたい気持ちをぐっと抑えて、日々、駄菓子も売っている。

勝沼の歴史は、資料館や歴史書を見れば詳しく書いてあるが、本当の私たちの生きてきた歴史は、そこには記されていない。今、歴史書に書いてない、ほんの五〇年前のことをここに記しておかなければならない衝動に駆られている。何故だろうか。

時代が変化するスピードが速くなり、ちょっと前の行動や結果を忘れ、すぐに次のステップに進む流れに違和感を覚えるとともに、危機感さえ感じる。ゆっくりと検証を重ね、一〇年単位での行動を見据えていかなければ、次世代へワイン産業を引き継ぐことはできないだろう。
　ワインとは、早く結果が出るものではないことぐらい誰でも知っている。しかし、過去のワインや実情を検証し、振り返って立ち止まり、もう一度振り返って過去に戻る。そしてまた一歩進む。その繰り返しで時代は創られてきたような気がするが、情報化社会のこの時代には、振り返っている暇がないのかもしれない。伝統的栽培方法のエックス仕立ての選定に、タバコを吹かしながら想像力を働かせ、翌年の新梢の伸び方を想像しながらゆっくりと鋏を入れる光景は、遠くなり始めている。
　ワインはどうだろうか？　私が家業を継いで感動を覚えたころの山梨ワインと、今のワインはどう違うのだろう？　そして次の時代はどうなっていくのだろう。知りたい！　永遠に生きることができないならば、せめてその生きた記憶、ワインを感じた記憶を次世代へ繋いでいきたい！　そして、「君のご先祖はこんなワインを造り上げたのだよ！」と、ひ孫世代に話したい！　歳を取るとそんな気持ちになるのは、多分みな同じなのではないだろうか？　これを老害というのかな……。

　明るい眼差しでいつも包み込んでくださった芸術新聞社の編集・今井女史、砕けそうな気持ちを応援してくれた編集の設楽氏には、本当に感謝申し上げます。
　何もない、歴史に埋もれるワインショップのおじさんを、檜舞台へと立たせて頂いたことに感謝申し上げます。このご恩は、名もない栽培者や次世代を切り開く若い醸造家を応援し、彼ら彼女らのワインを販売し続けていくことで、恩返ししようと思います。

二〇二一年十一月　新田正明

MOOMIN
シャルマンワインの

新田正明（にった・まさあき）

1964年山梨生まれ。1986年、TV番組制作会社に入社後、日本テレビ系番組ディレクターを歴任。1994年、家業「新田商店」を継ぎ、「勝沼ワイナリーマーケット」開業。著書に「本当に旨い甲州ワイン100」（イカロス出版）

日本酒サービス研究会·酒匠研究会連合会 利酒師
（一社）日本ソムリエ協会 ソムリエ
(財)全国米穀協会 お米アドバイザー
甲州市産ワイン品質審査委員
勝沼ワイナリーズクラブ品質審査委員
甲州市原産地呼称審査委員
甲州市ワイン教養講座講師

勝沼ワイナリーマーケット／新田商店
〒409-1304 山梨県甲州市勝沼町休息1560
TEL 0553-44-0464　FAX 0553-44-3437
masaaki.nitta@gmail.com
営業日：不定休
営業時間：午前9時〜午後5時

生産本数	自社畑及び自社管理畑	栽培品種	中心的な栽培家及び醸造家
約100,000本／年	勝沼町勝沼地区(15a)、等々力地区(1.8a)、岩崎地区(0.8a)、山梨市八幡地区(30a) 他	KO、ME、CS、BQ、MBA、サンジョベーゼ、テンプラニーニョ他	雨宮一樹(栽培家)、清水勇二(醸造家)
約50,000本／年	勝沼町岩崎地区(0.5ha)	KO、SY	池田俊和(栽培醸造責任者)
23,000ℓ(赤)、60,000ℓ(白)、5,000ℓ(ロゼ)	甲州市勝沼町(約9ha)	KO、CH、ME、PV、甲斐ノワール、マルスラン、タナ、ムールヴェードル	白石壮真(栽培家)、斎藤哲也(醸造家)
30,000本／年	甲州市勝沼町下岩崎、笛吹市一宮町北野呂他(4.2ha)	KO、MBA	前田健(栽培家)、袖山政一(醸造家)
約400,000本／年	本社裏手の「番匠田」とその他(約5ha)	KO、MBA	有賀翔(栽培家)、有賀裕剛(醸造家)
約38,000本／年	甲州市勝沼町小佐手	CS	中山忠博(醸造家)
90,000本／年	勝沼町内に5箇所(計2ha)	KO、CS、MBA、CH	野沢たかひこ(栽培醸造責任者)
全体で360,000本／年(岡山ワイナリー含む)	長野市、北安曇郡池田町、北海道北斗市(合計42ha)	SY、CS、ME、PN、SY、SB、リースリングなど	工藤雅義(チーフワインメーカー)
生果のみ425,000本／年	4ha	KO、MBA、ME、BQ	深澤茂之(圃場長)、河村大介(製造部長)
約70,000本／年	—	KO、SM、CH、SB、MBA、ME、CS、PV、巨峰ピオーネ、デラウェア、など	仁林欣也(醸造責任者)
25,000本／年	勝沼町(2.6ha)、北杜市須玉町(3.0ha)	KO、CH、SB、ME、CS、PN、シェンブルガー	戸澤一幸(栽培醸造責任者)
約100,000本／年	甲州市および山梨市(2ha)	KO、MBA、CH、MEなど	内田邦男(栽培家)、土橋敏子(醸造家)
約125,000本／年	山梨県勝沼町(2ha)	KO、ME、PV、甲斐ノワール、ビジュ・ノワール	青木亮(栽培担当)、中込茂(工場長)、神谷彰典(醸造担当)
25,000本／年	25a	KO、MBA、デラウェア	雨宮吉男(栽培醸造責任者)
約420,000本／年	山梨県(1ha)、長野県(2ha)、京都府(0.3ha)	SY、ME、CH、ピノムニエ、垣根甲州	萩原保樹(醸造販売責任者)、早川雄一郎(品質管理)
約10銘柄	甲州市勝沼町、北杜市(20ha)	KO、CH、ME、CF、CS、PV	三澤彩奈(栽培醸造責任者)
白ワイン 約50,000本、赤ワイン 約30,000本	勝沼地区内(約0.95ha)、菱山地区内(約0.25ha)、山梨市大野区(約0.36ha)	KO、SY、CH、ME、ネオアリカント、アルモ・ノワール	古屋真太郎(醸造責任者)、山崎紘央(醸造担当)、佐藤茂裕(栽培担当)
2,000本／年(1.8ℓ)、5,000本／年(720ml)	5ha	—	三森斉(栽培醸造責任者)、三森基史
約140,000本／年	北杜市明野町(2.5ha)	CS、SY、CF、CH、SB	久保田博之(栽培家)、加賀美直人(醸造家)
約40,000本／年(ドメーヌ・ポンコツと合わせて)	6ha(ドメーヌ・ポンコツと合わせて)	KO、MBA、CF、SY、デラウエア、プチマンサン、アルバリーニョ、シュナンブラン 他	小山田幸紀(栽培醸造責任者)、松岡数人
約40,000本／年(ドメーヌ・オヤマダと合わせて)	6ha(ドメーヌ・オヤマダと合わせて)	KO、MBA、CF、SY、デラウエア、プチマンサン、アルバリーニョ、シュナンブラン 他	松岡数人(栽培醸造責任者)、小山田幸紀
250,000本／年	甲州市勝沼町下岩崎(1ha)、甲州市塩山三日市場(0.3ha) 他	KO、MBA、ME、カベルネ	伊藤秀一(栽培家)、薬袋才樹、安田政史(醸造家)
25,000本／年	沼町内(約1ha)	KO、MBA、CH、ME、PV	若尾亮(栽培醸造責任者)
138,000本／年	甲州市勝沼町藤井(2.9ha)	KO、CH、SB、CS、ME、PV、タナ	狩野高嘉(全体統括)、竹内毅徳(栽培家)、安蔵正子(欧州系ぶどう醸造家)、谷本浩人(甲州ぶどう醸造家)
1,000,000本／年	甲州市勝沼町山、笛吹市石和町川中島、甲斐市旧敷島町大久保地区(計2ha)	KO、MBA	宇佐美孝(栽培醸造責任者)

【ぶどう品種の略文字】

CS:カベルネ・ソーヴィニヨン／CF:カベルネ・フラン／ME:メルロー／PN:ピノ・ノワール／SY:シラー(シラーズ)／CH:シャルドネ／SB:ソーヴィニヨン・ブラン
SM:セミヨン／CB:シュナン・ブラン／MBA:マスカットベーリーA／PV:プティ・ヴェルド／BQ:ブラック・クイーン／KO:甲州

ワイナリー名	創業年	受賞歴
あさや葡萄酒	1921(大正10)	JWC欧州系部門(2003)銅賞等「カベルネソーヴィニヨン 2002、シャルドネ 2002」、JWC国内改良品種赤部門(2006)銀賞・カテゴリー最優秀賞「麻屋ルージュ 2005」他
イケダワイナリー	1995(平成7)	第17回Japan Wine Competition甲州種部門(2019)銀賞「グランキュヴェ甲州勝沼菱山畑 2018」、第16回Japan Wine Competition甲州種部門(2018)銀賞「グランキュヴェ甲州勝沼菱山畑 2017」他
岩崎醸造	1941(昭和16)	Japan Wine Competition(2018)銀賞「ホンジョー 甲州シュール・リー 2017」、Japan Wine Competition(2018)銅賞「シャトー・ホンジョー 甲斐ノワール 樽熟成 2017」他
MGVsワイナリー	1953(昭和28)	Japan Wine Competition(2017)銀賞「K131勝沼町下川久保2016」、銅賞「K234一宮町卯ツ木田2016」「B153勝沼町下岩崎2016」
勝沼醸造	1937(昭和12)	IWC(2018)銀賞「アルガブランカ イセハラ 2016」、銀賞「アルガブランカ ピッパ 2015」、銀賞「アルガブランカ クラレーザ 2016」他
錦城葡萄酒	1939(昭和14)	Japan Wine Competition(2018)銅賞「錦城ワイン赤 2017」、Japan Wine Competition(2018) 銅賞「錦城ルージュ 2017」
くらむぼんワイン	1913(大正2)	DWWA(2018)銀賞「ソルルケト甲州 2017」、Japan Wine Competition(2018)銀賞「くらむぼんマスカット・ベーリーA 2017」、DWWA(2020)銀賞「N甲州 2018」
グランポレール勝沼ワイナリー	1976(昭和51)	Japan Wine Competition(2018)部門最高賞、金賞「グランポレール 山梨甲州樽発酵 2017」、IWSC(2019)金賞「グランポレール 甲州辛口 2017」他
シャトー勝沼	1877(明治10)	JWC(2015) 金賞「Trophy Madak 甲州スパークリング 2014」、JWC(2018)Silver Medal「生詰め勝沼 2018」、さくらアワード(2021)ゴールド「GI山梨 甲州シュール・リー 2019」、「生詰勝沼 2019」
シャトージュン	1979(昭和54)	Japan Wine Competition(2019)銅賞「ジュンスパークリング」、Japan Wine Competition(2018)銀賞「ジュンメルロー 2016」、Japan Wine Competition(2017)銅賞「ジュン甲州 2016」
シャトレーゼベルフォーレワイナリー 勝沼ワイナリー	2000(平成12)	Japan Wine Competition(2018)甲州部門 金賞「ドメーヌシャトレーゼ 2017」、アジアンワインレヴュー(2018)金賞「ドメーヌシャトレーゼ甲州 2016」他
白百合醸造	1938(昭和13)	DWWA(2021)プラチナ賞「ロリアン勝沼甲州 2019」、サクラアワード(2021) ゴールド賞「セラーマスターマスカット・ベーリーA 2019」他
蒼龍葡萄酒	1899(明治32)	Japan Wine Competition(2011)甲州辛口部門 部門最高賞 金賞「シトラスセント甲州 2010」、Japan Wine Competition(2010)金賞「勝沼の甲州 樽熟成 2009」他
ダイヤモンド酒造	1963(昭和38)	Japan Wine Competition(2015)金賞「シャンテY.A甲州樽発酵2014」、Japan Wine Competition(2007)金賞「シャンテ甲州樽発酵2006」
大和葡萄酒	1913(大正2)	フェミナリーズ世界ワインコンクール(2020) Silver「重畳 2019」、第7回サクラアワード(2020)Gold「ハギースパーク重畳 2019」、第7回サクラアワード(2020) Silver「古代甲州 2019」
中央葡萄酒	1923(大正12)	DWWA(2018)金賞「茅が岳甲州 2017」、「グレイス甲州 2017」、DWWA(2019)金賞「グレイス甲州 2018」他
原茂ワイン	1924(大正13)	JWC Best Japanese Wine 金賞(2010)「原茂・甲州シュール・リー 2009」、JWC 金賞(2013)「原茂・勝沼甲州 2012」、Japan Wine Competition 金賞(2012)「ハラモ・甲州シュール・リー 2011」他
菱山中央醸造	1936(昭和11)	—
フジッコワイナリー	1963(昭和38)	Japan Wine Competition(2019)金賞「マスカットベーリーAラシス 2018」、Japan Wine Competition(2018)金賞・部門最高賞「甲州スパークリング 2017」他
中原ワイナリー ドメーヌ・オヤマダ	2014(平成26)	—
中原ワイナリー ドメーヌ・ポンコツ	2015(平成27)	—
まるき葡萄酒	1891(明治24)	国産ワインコンクール(2004)銅賞・部門最高賞「ヤマソービニオン 2002」、Japan Wine Competition(2016)金賞・部門最高賞「ラフィーユ樽甲斐ノワール 2014」他
マルサン葡萄酒	1945(昭和20)	Japan Wine Competition(2012)銅賞「甲州 百 2011」
丸藤葡萄酒	1890(明治23)	Japan Wine Competition(2016)金賞「ルバイヤートシャルドネ 2014」「旧屋敷収穫」他、Japan Wine Competition(2017)金賞「ルバイヤートプティ・ヴェルド 2014」他
マンズワイン	1962(昭和37)	第9回国産ワインコンクール(2011)甲州カテゴリー(辛口)金賞「リュナリス甲州バレル・ファーメンテーション 2010」他

【主なワインコンクール】

DWWA(Decanter World Wine Awards):出品数世界最大のワインコンクール/日本ワインコンクール(Japan Wine Competition):国産ぶどう100%使用
JWC(Japan Wine challenge):アジア最大のワインコンクール/IWC(international Wine Challeng):世界最大規模のワインコンクール(年2回)

生産本数	自社畑及び自社管理畑	栽培品種	中心的な栽培家及び醸造家
山梨県産のぶどうで作られたものが300,000本	城の平(1.2ha)、鴨居寺(1ha)、祝村(0.5ha)、天狗沢(3.2ha)	SY、CS、CF、ME、KO、PN、ピノ・グリ	安藤光弘(チーフワインメーカー)、田村隆幸(勝沼ワイナリー長)、丹沢史子(2021年仕込み統括)
約50,000本／年	甲州市塩山赤尾(合計約1ha)	KO、BQ、MBA、ベーリーアリカント	萩原弘基(栽培醸造責任者)
30,000本／年	2ha	CS、ME、CH他	中村雅量(栽培醸造責任者)
約30,000本／年	甲州市(約1.7ha)	KO、ME、バルベーラ	風間聡一郎、窪田さおり
40,000本／年	自社畑(約1ha)	KO、CH、BQ、ME、CS、PV	土屋幸三
約12,000本／年	甲州市塩山、勝沼地区(約4ha)	KO、CH、PN、SY、ヴィオニエ、他	斎藤まゆ(醸造家)、荻原康弘(栽培家)
30,000本／年	甲州市(1ha)、笛吹市(0.1ha)、韮崎市(0.6ha)	KO、MBA	平山繁之(栽培醸造責任者)
約30,000本／年	塩山駒園圃場(40a)、塩山川窪圃場(75a)	CS、SY、CF、CH、SB	近藤修道(栽培醸造責任者)
約10,000本／年	牧丘町倉科地区(2.8ha)	KO、MBA、ME、CH、巨峰、リースリング、バルベーラ、ランブルスコ、トレッビアーノ 他	広瀬武彦(栽培家)、廣瀬泰輝(醸造家)
約10,000本／年	山梨県牧丘町(約8ha)	KO、MBA、CH、ME、他試験栽培の欧州系が約10種類	山田啓二(栽培醸造責任者)
25,000本／年	山梨市八幡地区(25a)、山梨市岩手地区(40a)	PN、ME、SY、アルバリーニョ、ムールヴェードル	鈴木順子(栽培家)、鈴木剛(醸造家)
5,000本／年	山梨し万力の里 他(約1.15ha)	—	金井一郎(栽培醸造責任者)
約30,000本／年	笛吹市一宮町(1.5ha)	KO、MBA、デラウェア	中村紀仁(栽培醸造責任者)
約190,000本／年	笛吹市一宮町(0.9ha)	ME、SY、CS、CH、MBA	前島良(醸造家)
約30,000本／年	65a	KO、ME、CS、CH、サンセミヨン	齋藤俊行(醸造家)
非公表	甲州市、笛吹市(約4ha)	KO、SB、CH、CS、PV、ME、CF、プチ・マンサン、タナ他	岩間茂貴(栽培醸造責任者)、産方剛志(製造部第一製造課課長)
約120,000本／年	甲府市酒折町(50a)	MBA、SY、CH	池川仁(栽培家)、井島正義(醸造家)
350,000本／年	甲斐市(25ha)	CS、ME、CH	大山弘平(栽培技師長)、宮井孝之(醸造技師長)、庄内文雄(ワイナリー所長)
約25,000本／年	約7ha	MBA、KO、PV、ME、CS、CH、SB、PN、巨峰、デラウェア、シェンブルガー 他	林嘉昭(栽培家)、飯沼芳彦、松土達也(醸造家)
3,000本／年(MBA)、500本／年(甲州)	韮崎市上ノ山(15a 、MBA)、韮崎市上ノ山(5a、甲州)	KO、MBA	安部正彦(醸造家)、安部幸子(栽培家)
約700,000本／年	韮崎市穂坂町(2.2ha)	CH、CS、CF、ME、SY、PV、ヴィオニエ	雨宮幸一、八巻宏収(栽培家)、田澤長己、茂手木大輔、田口誠一(醸造家)
—	上ノ山地区(60a)、明野地区(2ha)	KO、MBA、CH	天花寺弓子(醸造責任者)、下川真史(栽培責任者)
約30,000本／年	尾白地区・白須地区　ワイナリー周(1ha)	KO、CH、CF、SM、CS他	山本公彦(栽培醸造責任者)
12,000本／年	南アルプス市(約2ha)	MBA、PN、ME、CF、KO、琉球ガネブ、マシュマロネーロ、モンドブリエ 他	渋谷英雄(栽培醸造責任者)
約50,000本／年	甲州市勝沼町勝沼(約50a)、甲州市塩山小屋敷(約30a)　他	KO、MBA、SB、CH、PG、デラウェア、巨峰、プチマンサン、ムールベードル	小林剛士(栽培醸造責任者)
20,000本／年	河口湖町河口・大石(0.7ha)	CH、SB、ME、PV、ケルナー、プチマンサン、KO(契約栽培)	鷹野ひろ子(栽培醸造責任者)
万力ルージュ約1,000本／年、万力ブラン600本／年	0.6ha	KO、ME、PV、SY、アルバリーニョ、プチマンサン、タナ	安蔵正子(栽培醸造責任者)

ワイナリー名	創業年	受賞歴
シャトー・メルシャン	1877(明治10)	IWC(2021)金賞「シャトー・メルシャン 笛吹グリ・ド・グリ 2019」、第17回Japan Wine Competition(2019)欧州系赤品種部門最高賞「鴨居寺シラー 2017」他
塩山洋酒醸造	1959(昭和34)	Japan Wine Competition(2016)甲州部門 銅賞「重川 甲州 2015」、Japan Wine Competition(2018)甲州部門 銅賞「SALZ BERG Koshu 2017」他
奥野田葡萄酒	1989(平成元)	—
甲斐ワイナリー	1986(昭和61)	Japan Wine Competition銀賞「かざま甲州SurLie」、Japan Wine Competition銅賞「かざま甲州SurLie」・「キュベかざまメルロー」
機山洋酒工業	1930(昭和5)	—
Kisvin Vineyard & Winery	2013(平成25)	—
98WINEs	2017(平成29)	—
駒園ヴィンヤード	1952(昭和27)	Japan Women's Wine Awards(2021)DOUBLE GOLD「駒園甲州」、FEMINALISE PARIS(2021)GOLD「tao西野甲州」、「taoシラー」、FEMINALISE PARIS(2021)SILVER「tao駒園甲州」、「taoピノ・ノワール」
Cantina Hiro	2016(平成28)	—
三養醸造	1933(昭和8)	Japan Wine Competition(2017)奨励賞「窪平 2015」、JWC(2018)銅賞「猫甲州NV」、JWC(2018)銀賞「樽マスカットベーリーA 2016」他
旭洋酒	1963(昭和38)	日本ワイナリーアワード　2020年より四つ星
金井醸造場	1966(昭和41)	—
新巻葡萄酒	1930(昭和5)	—
アルプスワイン	1962(昭和37)	JWC(2016)プラチナ金賞 Japanese style wine「マスカット・ベーリーA 2015」、英国Decanter World Wine Awards 銀賞 Japanese style wine「甲州」他
北野呂醸造	1963(昭和38)	Japan Wine Competition(2003)奨励賞「甲州産白ワイン」、Japan Wine Competition(2006)入選「甲州産白ワイン」、Japan Wine Competition(2008)銅賞「甲州シュール・リー」他
ルミエールワイナリー	1885(明治18)	IWC(2021)銅賞「シャトールミエール 赤 2015」、DWWA(2021)プラチナ賞「光 甲州 2018」、DWWA(2020)「光 キュヴェスペシャル 2013」
シャトー酒折ワイナリー	1991(平成3)	JWC(2018)金賞「甲州ドライ2017」、JWC(2019)金賞「甲州ドライ2018」
サントリー登美の丘ワイナリー	1909(明治42)	IWC(2019) 金賞「登美赤」、銀賞「登美白」、DWWA(英)(2019)プラチナ「登美の丘甲州」
敷島醸造	1985(昭和60)	国産ワインコンクール(2012)銀賞「甲州シュールリー 2011」、日本で飲もう最高のワイン(2013)専門家部門金賞「甲州シュールリー 2012」、国産ワインコンクール(2015)銀賞「甲州シュールリー 2014」他
ドメーヌ茅ヶ岳	2015(平成27)	日本で飲もう最高のワイン(2016)(プラチナメダル、ゴールドメダル、ベスト日本ワイン、ベストマスカット・ベーリーAワイン)「アダージョ・ディ・上ノ山マスカットベーリーA」他
マルス穂坂ワイナリー	2017(平成29)	サクラアワード(2021)ダブルゴールド「シャトーマルス 牧丘 甲州 2020」、サクラアワード(2021)ゴールド「シャトーマルス 穂坂 マスカット・ベーリーA樽熟成 2018」他
ドメーヌ・デ・テンゲイジ	2017(平成29)	—
江井ヶ嶋酒造山梨ワイナリー	1955(昭和30)	JWC(2020)銅賞「メルロ 尾白 無濾過」、JWC(2020)銅賞「カベルネソービニヨン 釜無 無濾過」、JWC(2020)銅賞「甲州 白須 無濾過」
ドメーヌヒデ	2015(平成27)	DWWA(2018)Silver Award「ラピュータ」、G20 Osaka Summit Reception Wine(2019)に選定「ミズナラロゼジャポネ2018」他
室伏ワイナリー	2016(平成28)	—
seven ceders winery	2022(令和4)	—
カーヴ・アン	2021(令和3)	—

山梨ワイン

2021年12月20日　初版第1刷発行

著　者……新田正明

発行者……相澤正夫

発行所……芸術新聞社

〒101-0052
東京都千代田区神田小川町2-3-12 神田小川町ビル
TEL 03-5280-9081（販売課）
FAX 03-5280-9088
URL http://www.gei-shin.co.jp

印刷・製本……サンニチ印刷

デザイン……美柑和俊＋滝澤彩佳（MIKAN-DESIGN）

編集協力……設楽幸生

撮影協力……エーケン―映像表現研究所―

ISBN 978-4-87586-625-1 C0077